"十三五"国家重点研发计划项目
"工业化建筑隔震及消能减震关键技术"（2017YFC0703600）
"工业化建筑隔震、减震结构施工关键技术与示范工程"（2017YFC0703609）

工业化建筑隔震减震示范工程
设计施工技术指南

王洪欣　主编

中国建筑工业出版社

图书在版编目（CIP）数据

工业化建筑隔震减震示范工程设计施工技术指南 /
王洪欣主编. —北京：中国建筑工业出版社，2021.2（2022.6重印）
ISBN 978-7-112-25840-6

Ⅰ.①工…　Ⅱ.①王…　Ⅲ.①工业建筑-隔震-结构
设计-指南②工业建筑-隔震-建筑施工-指南　Ⅳ.
①TU27-62②TU745.7-62

中国版本图书馆 CIP 数据核字（2021）第 024833 号

本书通过高烈度区的 4 种工业化建筑隔震、减震结构体系的 6 项示范工程，即：深圳市长圳公共住房及其附属工程 6 号楼、北京新机场旅客航站楼及综合换乘中心（核心区）工程、北京市建筑设计研究有限公司 C 座科研楼改造工程、昆明团山欣城幼儿园试点工程、深汕实验办公楼（中建绿色产业园 A 区项目二期 1 号综合楼）、上海第六人民医院骨科临床诊疗中心（南楼），将目前最先进的、且已在传统现浇建筑中成功应用与检验的工程隔震、消能减震及控制技术，引入到工业化建筑中，建立并研究适用于工业化建筑的隔震、消能减震及控制技术体系。本书内容翔实，具有较强的指导性，可供工业化建筑行业从业人员参考使用。

责任编辑：王砾瑶　范业庶
责任校对：焦　乐

工业化建筑隔震减震示范工程
设计施工技术指南
王洪欣　主编

*

中国建筑工业出版社出版、发行（北京海淀三里河路 9 号）
各地新华书店、建筑书店经销
北京科地亚盟排版公司制版
北京建筑工业印刷厂印刷

*

开本：787 毫米×1092 毫米　1/16　印张：10¼　字数：252 千字
2021 年 3 月第一版　　2022 年 6 月第二次印刷
定价：52.00 元
ISBN 978-7-112-25840-6
（36730）

本书编写委员会

主　　　　编：王洪欣

副　主　编：李晓丽　段先军　万金国　陶　忠　孙飞飞
　　　　　　芦静夫

主要编写人员：陈洋洋　雷素素　邱　勇　曹茜茜　杨　超
　　　　　　金华建　贾自立　刘　熙　李何萧　周高照
　　　　　　刘家菲　陈应波　毛丰强　杜　飞　徐建国
　　　　　　胡铁成

主　　　　审：周福霖　谭　平　樊则森　孙占琦　查晓雄

主编单位：中建科技集团有限公司
参编单位：北京市建筑设计研究院有限公司
　　　　　　北京城建集团有限责任公司
　　　　　　广州大学
　　　　　　同济大学
　　　　　　昆明理工大学

前　　言

实现住房工业化与绿色化、提高城市建筑和基础设施抗灾能力是列入我国住房城乡建设事业"十三五"规划纲要的两项重要发展目标与具体实施任务。近年来，国内外科技发展趋势与成功经验表明，"大力发展绿色建筑，强力推进建筑工业化"是我国实现住房工业化发展目标，转变城乡建设模式，破解能源资源瓶颈约束，助推建筑行业由传统粗放式、低效劳动密集向节能环保新能源升级转型的必然发展途径。而对于提升我国整体防震减灾水平，工程隔减震控制技术则是一项被世界地震工程界所推荐、已成功经受实震检验、可显著降低灾害伤亡人数，有效保障社会人民生命财产安全的最佳技术措施。

"十三五"国家重点研发计划项目"工业化建筑隔震及消能减震关键技术"直接瞄准"住房工业化"与"防灾抗灾"两个国家战略需求与发展目标，将"工业化建筑"与"工程隔减震控制技术"研究联结融合，对于更好地解决国家战略需求，尽快地实现国家住房城乡建设事业目标，都具有极其重要的作用。

"工业化建筑隔震及消能减震关键技术"项目从创新的科技视角着手，为集成研究形成的技术体系，项目设立"课题9：工业化建筑隔震、减震结构施工关键技术与示范工程"。旨在整合前述课题研发成果，探索优化的预制工艺和施工技术，组织全产业链技术实施反馈论证，达成技术标准化，完成示范工程，实现"产品标准—技术规程—示范工程"成套技术成果的定型。

本指南通过高烈度区的4种工业化建筑隔震、减震结构体系的6项示范工程，即"深圳市长圳公共住房及其附属工程6号楼""深汕实验办公楼""北京新机场旅客航站楼及综合换乘中心（核心区）工程""北京市建筑设计研究有限公司C座科研楼改造工程""昆明团山欣城幼儿园试点工程"和"上海第六人民医院骨科临床诊疗中心（南楼）"，对项目研究链条进行协同反馈修改论证，进而针对工业化隔震、消能减震结构施工特点进行施工组织模式优化分析和论证，实施工程示范。

这6项示范工程将目前最先进的、且已在传统现浇建筑中成功应用与检验的工程隔震、消能减震及控制技术，引入到工业化建筑中，建立并研究适用于工业化建筑的工程隔震、消能减震及控制技术体系，最终实现"一举两得"——既直击工业化建筑的短板与薄弱环节，在加强节点连接等传统方法之外为工业化建筑整体性彻底解决找到可靠新路径；又为工程隔震、消能减震及控制技术自身开创全新的研究领域与广阔应用空间。

本指南的编制工作得到了"工业化建筑隔震及消能减震关键技术"项目组的大力支持，凝聚了各编制单位编制人员的辛勤劳动，各审查专家提供了宝贵的意见，编入内容是项目组成员多年共同研究、创造的成果。在此特向各位领导、有关单位和专家致以诚挚的谢意。

限于时间紧促，不妥之处在所难免，敬请批评指正，以便不断修正和更新。

目　　录

第1章 绪 论

目前，隔震与减震装置与工业化建筑的结构和非结构构件的设计、生产、施工和安装之间存在系统性融合问题，且缺少相关的标准化设计方法、施工工艺和工法以及相关的行业标准和技术指南。研究工业化建筑隔、减震施工关键技术，并在示范工程中集成实践迫在眉睫。本研究要体现工业化建筑隔震、减震施工技术与设计、生产的系统性融合。提升工业化建筑的抗震性能，通过隔减震技术的应用提升建筑的标准化和施工易建性，突破工业化建筑基于现浇抗震设计的瓶颈。突出施工关键技术的实践性和实施性，在高烈度区完成涵盖4种工业化建筑隔震、减震结构体系的6项工程示范，切实推进工业化建筑结构体系与隔、减震技术体系的融合和全产业链的应用和普及。

6项示范工程示范的工业化建筑结构体系为：

（1）"深圳市长圳公共住房及其附属工程6号楼"示范了7度区装配式框架支撑结构减震结构体系的设计和施工关键技术。

（2）"北京新机场旅客航站楼及综合换乘中心（核心区）工程"示范了8度区装配式钢框架结构体系的设计和施工关键技术。

（3）"北京市建筑设计研究有限公司C座科研楼改造工程"示范了8度区装配整体式预应力板柱-现浇剪力墙结构体系的设计和施工关键技术。

（4）"团山欣城幼儿园试点工程"示范了8度区装配式钢框架结构摩擦滑移摆基础隔震结构体系的设计和施工关键技术。

（5）"深汕实验办公楼"示范了7度区装配式框架支撑结构减震结构体系的设计和施工关键技术。

（6）"上海第六人民医院骨科临床诊疗中心（南楼）"示范了7度区装配式钢结构自立式消能减震墙体系的设计和施工关键技术。

通过工程隔震、消能减震及控制技术为工业化建筑应用发展清除体系障碍，铺平技术道路，一方面有利于国家工业化建筑建设目标的提前实现与超额完成，更显著地发挥出工业化建筑降低能耗、减少污染、节能减排的绿色效应，形成可观的生态效益；另一方面，有助于工业化建筑由低烈度区迈向高烈度区，由城市延伸到农村，在助推城镇化建设的同时，将国家工程防灾水平提升至"大震可修，巨震不倒"，避免地震灾难的再次上演。

第 2 章 深圳市长圳公共住房及其附属工程 6 号楼

2.1 项目简介

2.1.1 基本信息

(1) 项目名称：深圳市长圳公共住房及其附属工程 6 号楼；

(2) 项目地点：深圳市光明区凤凰城，南临光侨路，西临科裕路；

(3) 开发单位：深圳市住房保障署；

(4) 设计单位：中建科技集团有限公司；

(5) 深化设计单位：中建科技集团有限公司、杭萧钢构（广东）有限公司、智性科技南通有限公司；

(6) 施工单位：中建科技集团有限公司；

(7) 预制构件生产单位：中建科技（深汕特别合作区）有限公司；

(8) 进展情况：主体施工中。

2.1.2 项目概况

深圳市长圳公共住房及其附属工程项目总建筑面积 114.6 万 m²，6 号楼位于整个项目的中心位置，结构总高度为 94.9m，建筑面积约为 1.64 万 m²。采用装配式大框架钢混组合主次结构体系，共 30 层，主结构标准层层高 9.3m、次结构层高 3m。于 2019 年 5 月完成主要方案设计、施工图设计和管理部门评审工作，并随即开展钢构件、减震构件、预制构件生产和施工准备工作。根据《装配式建筑评价标准》GB/T 51129—2017，6 号楼的装配式建筑技术评分达到 93.47 分，为 AAA 级装配式建筑。建筑总平面见图 2-1，建筑效果见图 2-2，建筑 BIM 模型见图 2-3，主次结构体系组成示意见图 2-4。

2.1.3 减震技术应用情况

本项目采用装配式大框架钢混组合主次结构体系[1]，其主结构为框架-中心支撑结构体系，竖向承重体系由钢管混凝土柱和钢柱组成，并与结构外围布置的钢支撑、屈曲约束支撑和楼电梯间布置的防屈曲钢板剪力墙、钢支撑形成整体抗侧力体系，水平楼盖体系由钢梁和叠合楼板构成，主结构共 12 层，首层和架空层层高 5.3m、其余每层层高 9.3m，结构总高度为 94.9m。次结构采用钢框架结构，层高为 3m，每层主结构内含 3 个次结构单元、全楼共 27 个次结构单元，次结构梁与主结构采用铰接连接、次结构柱坐落于主结构层、顶端与主结构层滑动连接，次结构承受自身荷载，并将荷载传于主结构，次结构可标准化设计和生产。主结构层户型内采用预制叠合板，其余位置采用钢筋桁架楼承板。

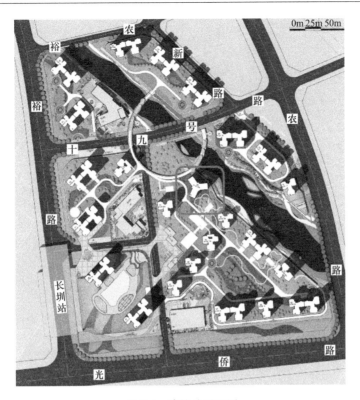

图 2-1　建筑总平面图

图 2-2　总体效果图

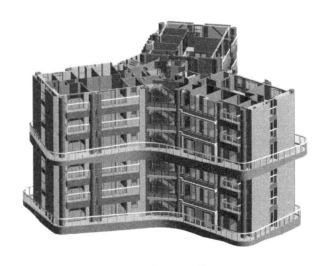

图 2-3　建筑 BIM 模型

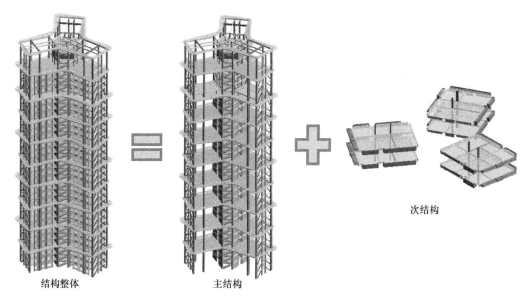

结构整体　　　　　　　主结构　　　　　　　　次结构

图 2-4　主次结构体系组成示意

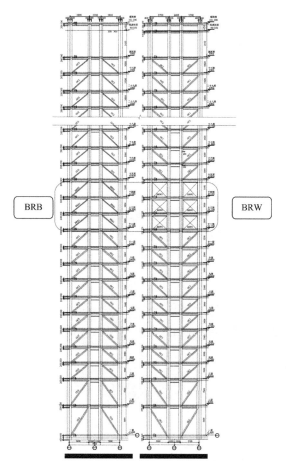

图 2-5　钢支撑、屈曲约束支撑、
防屈曲钢板剪力墙的立面布置

框架-支撑结构抗侧刚度大，可以解决结构侧向位移较大的问题[2]，但其在强震作用下受压时易产生屈曲现象，极易造成支撑本身或连接的破坏或失效，同时支撑屈曲后的滞回耗能能力变差，很难有效耗能，使结构抗震能力降低。为了解决支撑受压屈曲的问题，通过参数化分析在主结构楼层层间位移角最大的第 6 层（次结构 12～15 层）布置一层屈曲约束支撑。屈曲约束支撑性能稳定，减震效果显著[3]，近年在我国大量应用。另外，为了加强结构在大震下的耗能能力，在主结构第 6 层布置一层防屈曲钢板剪力墙。钢支撑、屈曲约束支撑、防屈曲钢板剪力墙的立面布置见图 2-5，屈曲约束支撑和防屈曲钢板剪力墙的平面布置见图 2-6，屈曲约束支撑的设计参数见表 2-1，防屈曲钢板剪力墙的设计参数见表 2-2。

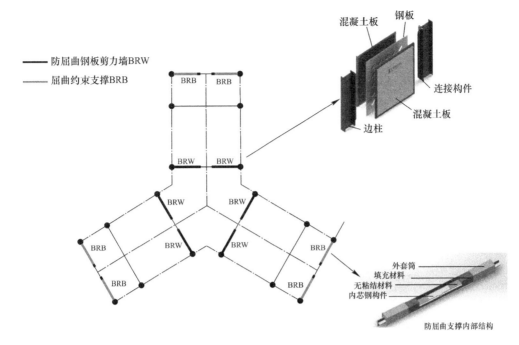

图 2-6　屈曲约束支撑和防屈曲钢板剪力墙的平面布置

屈曲约束支撑的设计参数表　　　　表 2-1

构件编号	支撑类型	芯材品牌	屈服承载力（kN）	极限承载力（kN）	屈服位移（mm）	外套筒高度 H(mm)	外套筒宽度 B(mm)	支撑长度（mm）	数量（套）
BRB1	耗能型	Q235	660	990	3.68	150	150	3300	12
BRB2	耗能型	Q235	990	1485	3.90	200	150	4000	6

防屈曲钢板剪力墙的设计参数表　　　　表 2-2

构件编号	钢板墙类型	屈服承载力（kN）	极限承载力（kN）	屈服位移（mm）	极限位移（mm）	产品高度（mm）	产品宽度（mm）	产品厚度（mm）	数量（套）
BRW1	耗能型	750	1125	1.65	33	2400	1600	150	12
BRW2	耗能型	460	690	1.43	22	2700	1600	150	6

2.2　设计关键技术

2.2.1　结构布置原则和计算要点

2.2.1.1　结构布置原则

本项目采用装配式大框架钢混组合主次结构体系设计，除遵循结构设计基本原则[4,5]，还遵循以下设计原则：

（1）结构体系具有抗连续倒塌能力，可避免因部分结构或构件的破坏而导致整个结构丧失承受重力荷载、风荷载和地震作用的能力；主结构采用多跨规则的超静定结构；结构构件具有适宜的延性，通过合理控制截面尺寸，避免局部失稳或整个构件失稳，节点先于构件破坏，主结构框架梁柱刚接。

（2）主结构支撑沿结构竖向连续布置，并延伸至计算嵌固端。

2.2.1.2 计算要点

（1）在竖向荷载、风荷载及多遇地震作用下，主次结构建筑的内力和变形采用弹性方法计算；罕遇地震作用下，主次结构建筑的弹塑性变形采用弹塑性时程分析方法计算。

（2）计算主次结构建筑的内力和变形时，假定楼盖在其自身平面内为无限刚性，设计时采取相应措施保证楼盖平面内的整体刚度。当楼盖跨度大且采用预制楼板、可能产生较明显的面内变形时，计算时采用楼盖平面内的实际刚度，考虑楼盖的面内变形的影响。

（3）主次结构弹性分析时，采用两个不同力学模型的结构分析软件进行整体计算，并计入重力二阶效应的影响。

（4）主结构采用框架-支撑、框架-延性墙板结构的框架部分按刚度分配计算得到的地震层剪力乘以调整系数，达到不小于结构总地震剪力的25％和框架部分计算最大剪力1.8倍两者的较小值。

（5）主次结构支撑斜杆两端按铰接计算。

（6）主次结构的钢柱、钢梁、屈曲约束支撑恢复力模型的骨架线采用二折线形，其滞回模型不考虑刚度退化；钢支撑和防屈曲钢板剪力墙的恢复力模型，按杆件特性确定。

2.2.2 主结构设计

主结构的竖向构件采用钢管混凝土柱和支撑组成，其中支撑包含三种类型，分别为普通钢支撑、屈曲约束支撑和防屈曲钢板剪力墙，主结构楼盖系统由型钢梁、叠合楼板和钢筋桁架楼承板（楼电梯间）组成。主结构系统组成示意见图2-7，典型结构布置见图2-8。

图2-7 主结构系统组成示意

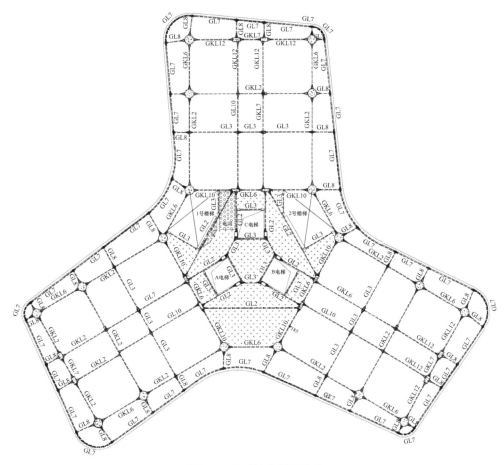

图 2-8　典型结构平面布置

2.2.3　次结构设计

次结构采用型钢结构，根据户型设计需要，柱子截面为矩形钢管，梁选用成品工字钢，为方便生产、装配和装修，梁高尽量统一。次结构三维 BIM 模型见图 2-9；次结构平面布置见图 2-10。次结构的柱底、柱顶与主结构型钢梁螺栓连接节点见图 2-11。

次结构采用轻型钢结构，其特点为：

（1）自重轻。采用钢结构承重骨架，比钢筋混凝土结构减轻自重 1/3 以上。抗震性能好。钢材良好的弹塑性性能，可使承重骨架及节点等在地震作用下具良好的延性。

（2）钢结构自重轻，可显著减少地震作用，地震作用可减少 40% 左右。

（3）有效使用面积高。与同类钢筋混凝土高层结构相比，可相应增加建筑使用面积约 4%。

（4）建造速度快。与同类钢筋混凝土高层结构相比，一般可缩短建设周期 1/4～1/3。

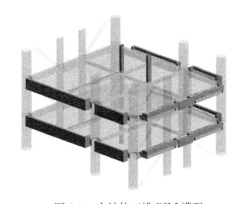

图 2-9　次结构三维 BIM 模型

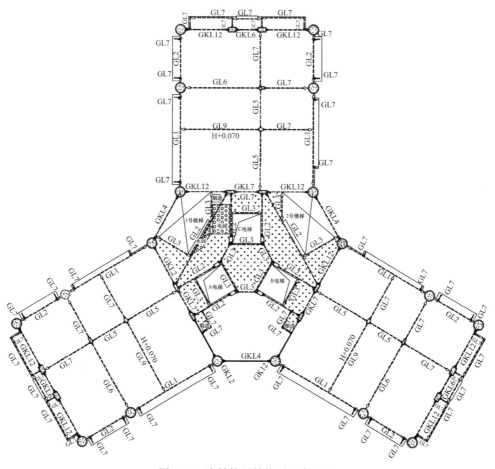

图 2-10　次结构层结构平面布置图

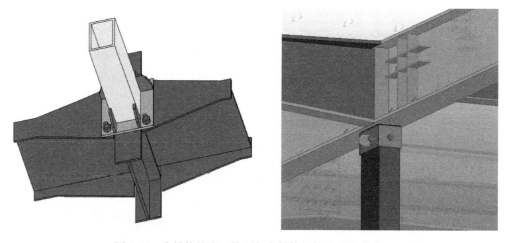

图 2-11　次结构柱底、柱顶与主结构梁螺栓连接节点

2.2.4　减震设计

2.2.4.1　屈曲约束支撑

屈曲约束支撑主要由内芯钢构件和外包约束构件两部分组成，见图 2-12。内芯钢构

件承受轴向拉力和压力，提供支撑刚度、并屈服后耗散能量；外包约束构件不承受轴向力、只对内芯钢构件提供侧向约束，防止内芯钢构件受压时发生屈曲。

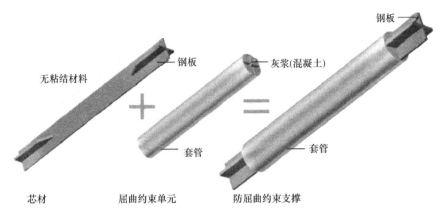

图 2-12　屈曲约束支撑的构成

核心单元是屈曲约束支撑中主要的受力元件，由特定强度的钢材制成，一般采用延性较好的低屈服点钢材或 Q235 钢，且应具有稳定的屈服强度值。常见的截面形式为十字形、T 形、双 T 形、一字形或管形，适用于不同的承载力要求和耗能需求。核心单元由三个部分组成：工作段、过渡段和连接段[6]，见图 2-13。

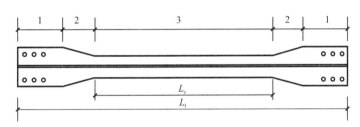

图 2-13　核心单元的构成
1—连接段；2—过渡段；3—工作段；L_c—耗能段长度；L_t—支撑长度

工作段也称为约束屈服段，该部分是支撑在反复荷载下发生屈服的部分，是耗能机制形成的关键。过渡段是约束屈服段的延伸部分，是屈服段与非屈服段之间的过渡部分。为确保连接段处于弹性阶段，需要增加核心单元的截面面积。可通过增加构件的截面宽度或者焊接加劲肋的方式来实现，但截面的转换应尽量平缓以避免应力集中。连接段是屈曲约束支撑与主体结构连接的部分。为便于现场安装、连接段与结构螺栓连接，屈曲约束支撑布置示意图见图 2-14，连接节点详图见图 2-15。

约束单位是为核心单元提供约束机制的构件，主要形式有钢管混凝土、钢筋混凝土或全钢构件组成。约束单位不受轴力。

屈曲约束支撑的原理为：支撑结构在地震作用下所承受的轴向力全部由支撑中心的芯材承受，该芯材在轴向拉力和压力作用下屈曲耗能，而外围钢管和套管内灌注混凝土或砂浆提供给芯材弯曲限值，避免芯材受压屈曲。由于泊松效应，芯材在受压情况下会膨胀，因此在芯材和砂浆之间设有一层无粘结材料或非常狭小的空气层，可减小或消除芯材受轴力时传给砂浆或混凝土的力。

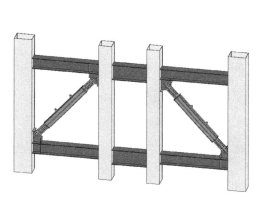

图 2-14 屈曲约束支撑布置示意图   图 2-15 屈曲约束支撑连接节点详图

2.2.4.2 防屈曲钢板剪力墙

防屈曲钢板剪力墙是一种抗侧力耗能构件，以普通钢板或低屈服钢作为核心抗侧力构件，钢板两侧通过特殊装置约束平面外屈曲，防屈曲钢板剪力墙的构成见图 2-16。小震下，耗能墙弹性工作，具有很大的结构抗侧刚度；大震或中震下，耗能墙通过良好的屈服塑性变形，具有优越的耗能减震能力。具体优点如下：

（1）弹性阶段可提供较大刚度，侧向力作用下钢板不屈曲，只屈服，可以充分发挥钢板墙的承载力；

（2）在往复侧向力作用下，滞回曲线饱满，可在中震和大震下起到耗能、减震作用；

（3）耗能墙钢板两侧的约束装置采用不燃材料，钢板墙不需要额外采取防火保护措施；

（4）可以同时作为建筑隔墙，易与建筑设计取得协调。

防屈曲钢板剪力墙的核心钢材采用低屈服点钢材和 Q235 等级钢材制造。低屈服点钢材俗称软钢，具有良好的抗低周疲劳性能，伸长率大，塑性变形能力较强，在进入塑性状态后具有良好的滞回特性，可在弹塑性滞回变形过程中吸收大量的能量。防屈曲开斜槽耗能钢板剪力墙由开斜槽内芯钢板和两侧约束混凝土板组成。在侧向剪力作用下，内芯开斜槽钢板发生拉压变形耗散振动能量。两侧约束板不承受侧向剪力，只对内芯钢板提供侧向约束防止内芯钢板受压时发生屈曲。

本项目防屈曲钢板剪力墙和上下层钢梁连接均采用螺栓连接，连接示意图见图 2-17，连接节点大样见图 2-18。

2.2.4.3 屈曲约束支撑和防屈曲钢板剪力墙的设计要点

（1）屈曲约束支撑设计为轴心受力构件，在多遇地震作用下保持弹性，在设防和罕遇地震作用下进入屈服。

（2）屈曲约束支撑的布置形成竖向桁架以抵抗水平荷载，采用单斜杆形。在平面上，屈曲约束支撑的布置使结构在两个主轴方向的动力特性相近，使结构的质量中心和刚度中心尽量重合，减少扭转地震效应。

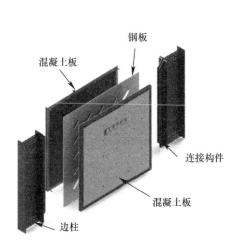
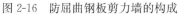

图 2-16　防屈曲钢板剪力墙的构成

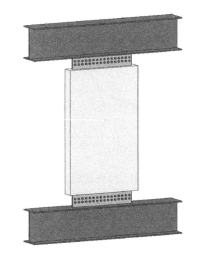

图 2-17　防屈曲钢板剪力墙连接示意图

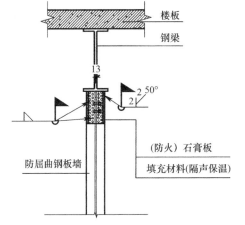
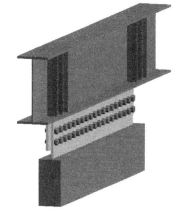

图 2-18　防屈曲钢板剪力墙连接节点

（3）钢板剪力墙按不承受竖向荷载设计。实际情况不易实现时，承受竖向荷载的钢板剪力墙，其竖向应力导致抗剪承载力的下降不应大于 20%。

（4）钢板剪力墙的内力分析模型应符合下列规定：不承担竖向荷载的钢板剪力墙，可采用剪切膜单元参与结构的整体受力分析；参与承担竖向荷载的钢板剪力墙，应采用正交异性板的平面应力单元参与结构整体的内力分析。

（5）屈曲约束支撑和防屈曲钢板剪力墙在设计完成后、施工前需要进行构件的性能测试试验，保证构件产品的性能参数符合设计要求、滞回曲线饱满，具有充足的耗能能力。屈曲约束支撑性能测试曲线见图 2-19，性能测试照片见图 2-20。防屈曲钢板剪力墙的性能曲线见图 2-21，性能测试照片见图 2-22。

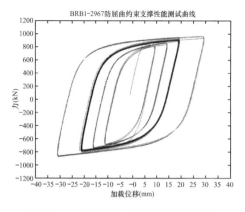

图 2-19 屈曲约束支撑性能测试曲线

图 2-20 BRB1 性能测试照片

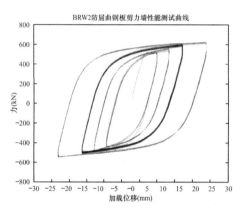

图 2-21 防屈曲钢板剪力墙性能测试曲线

图 2-22 BRW 性能测试照片

2.2.5 预制构件设计

2.2.5.1 四面不出筋叠合楼板

1. 一般规定

四面不出筋板根据结构平面布置方式，分为双向受力板和单向受力板。两者区别在于双向受力板需在四面开槽，放置连接钢筋实现双向受力；单向板在叠合板短边方向不需要开槽，只需在板面放置构造钢筋，防止板底开裂。两种类型的板见图 2-23 和图 2-24。

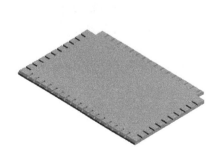

图 2-23 四面开槽不出筋叠合板

图 2-24 长向开槽带肋不出筋叠合板

2. 叠合板计算

四面不出筋叠合板的配筋计算在不同阶段应分别考虑。其中，在生产及运输阶段，叠合板按照悬挑板进行计算，同时应注意吊钩的设计宜使板的悬挑部分负弯矩与板跨中正弯矩值相接近，且应验算吊钩区域板的抗冲切承载力（计算简图见图 2-25）；在施工阶段，叠合板按照简支单向板进行计算（计算简图见图 2-26），施工荷载不应大于 $1.5\mathrm{kN/m^2}$，否则应采取加强措施；在使用阶段，预制层和叠合层形成整体共同工作，此时楼板按连续单向板进行整体计算。

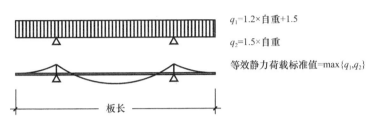

图 2-25　脱模和吊装阶段叠合板等效荷载计算简图

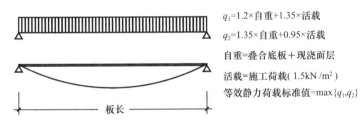

图 2-26　施工阶段叠合板等效荷载计算简图

3. 连接节点

（1）与主梁连接节点见图 2-27。

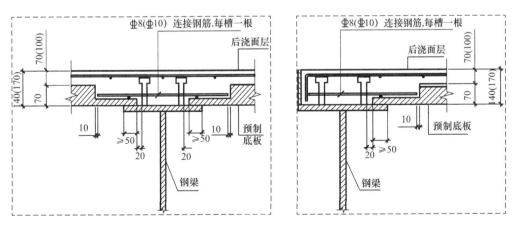

图 2-27　不出筋叠合板与主梁接连节点大样

（2）板与板间连接节点见图 2-28。

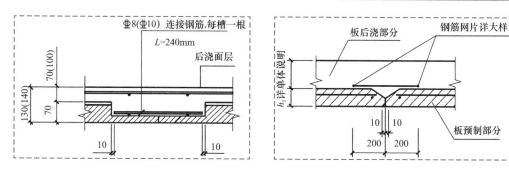

图 2-28 不出筋叠合板拼缝节点大样

2.2.5.2 预制外挂板

1. 一般规定

根据行业标准《装配式混凝土结构技术规程》JGJ 1—2014 的规定，外挂墙板与主体结构的连接分为线连接和点连接。本项目中，外挂板与主体结构采用线连接。预制外挂板示意图见图 2-29。

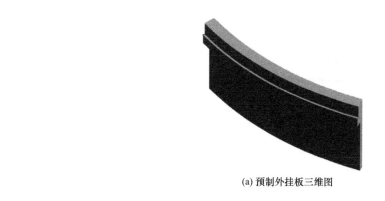

(a) 预制外挂板三维图

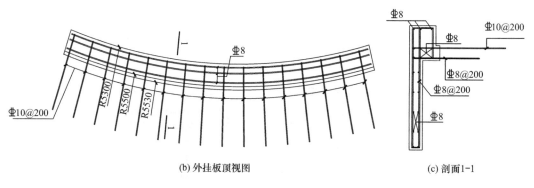

(b) 外挂板顶视图   (c) 剖面1-1

图 2-29 外挂板示意图

外挂板的计算包括板尺寸、弧度的确定、荷载组合计算（生产阶段、施工阶段和使用阶段）和配筋计算等。外挂板应保证在正常使用状态和承载力极限状态下的安全：变形和裂缝符合规范要求，在风荷载和地震作用下不会脱落。

2. 节点设计

外挂板通过连接件与主体结构连接，连接件既要有足够的强度和刚度，同时要避免主体结构位移对板产生不利影响。预制外挂板与梁板连接节点见图 2-30。

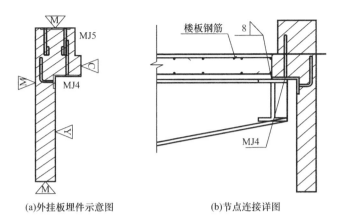

(a)外挂板埋件示意图　　　　　(b)节点连接详图

图 2-30　外挂板节点详图

2.2.5.3　预制楼梯

1. 一般规定

预制混凝土板式楼梯计算与构造可参考图集《预制钢筋混凝土板式楼梯》15G367-1
进行。预制楼梯构件详图见图 2-31。

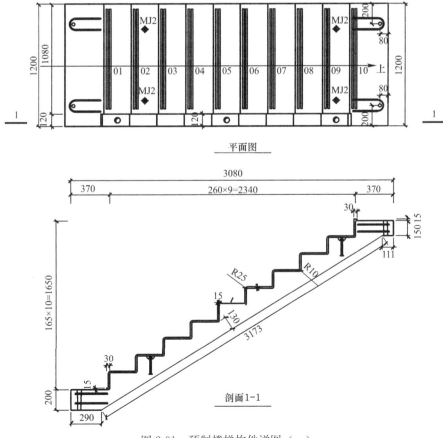

图 2-31　预制楼梯构件详图（一）

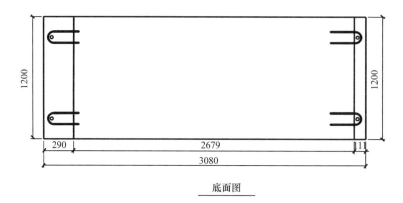

底面图

图 2-31　预制楼梯构件详图（二）

2. 节点设计

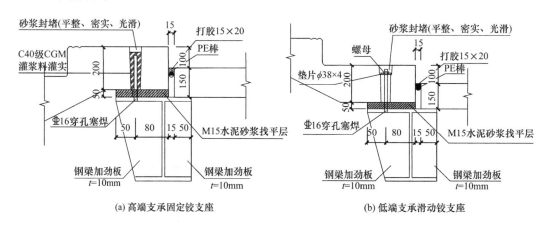

(a) 高端支承固定铰支座　　　　(b) 低端支承滑动铰支座

图 2-32　楼梯支座节点

2.2.5.4　预制阳台

预制阳台采用板式阳台（见图 2-33），受力模型为悬挑板。阳台应计算脱模、吊装、运输和施工等荷载工况，并按最不利情况进行配筋；预制阳台根据建筑设计的栏杆、落水管孔、地漏孔和防雷等应预留预埋，避免后期打凿。预制阳台应保证在正常使用状态和承载力极限状态下的安全：变形和裂缝符合规范要求，在风荷载和地震作用下不会脱落。

其余可见国家建筑标准设计图集《预制钢筋混凝土阳台板、空调板及女儿墙》15G368-1。

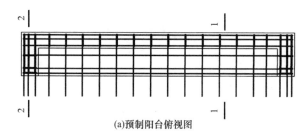

(a)预制阳台俯视图

图 2-33　板式阳台示意图（一）

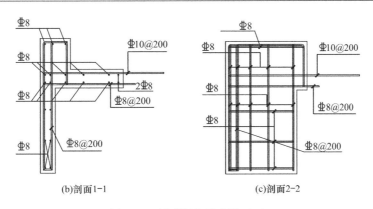

(b)剖面1-1　　　　　　　　(c)剖面2-2

图 2-33　板式阳台示意图（二）

2.2.6　结构设计指标

2.2.6.1　减震构件应用分析对比

1. 罕遇地震下减震构件布置方案对结构性能影响

采用佳构 STRAT 软件分析了耗能构件布置对结构抗震性能影响。耗能构件布置方案详见表 2-3。根据《高层建筑混凝土结构技术规程》JGJ 3 对地震波的频谱特性要求，选取 3 条地震波进行分析，3 条地震波的结果相近，本章仅列出 1 条地震波主方向为 X 向的计算结果。主次双方向地震波加速度峰值比为 1∶0.85，地震波持续时间均大于 30s。主方向地震波有效峰值按规范的要求调整为 220gal[7]，调整后地震波 1 的加速度时程曲线见图 2-34。

耗能构件布置方案表　　　　　　　　　　　　表 2-3

方案	耗能构件设置楼层	方案	耗能构件设置楼层
方案一	不设置	方案四	主结构第九层
方案二	主结构第三层	方案五	主结构第五层＋第九层
方案三	主结构第六层	方案六	主结构第六层＋第七层

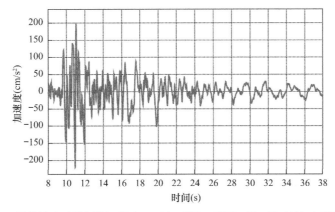

图 2-34　天然波 1（Chi-Chi，Taiwan-06 _ NO _ 3276，T_g（0.44））加速度时程

（1）层间位移角

采用天然波 1 对结构进行分析，罕遇地震作用下设置耗能构件楼层的最大层间位移角

见表 2-4。

不同楼层设置耗能构件位移角   表 2-4

设置楼层	无	3层	6层	9层	5+9层	6+7层
最大层间位移角	1/184	1/188	1/197	1/208	1/216	1/210
所在楼层	9层	9层	9层	7层	7层	7层
规范限值	1/50	1/50	1/50	1/50	1/50	1/50

设置 BRB、BRW 时的位移角小于无 BRB、BRW 的情况。当 BRB、BRW 布置在第三层时由于 3 层剪力大，BRB、BRW 构件屈服、刚度减小，第三层出现位移角较大。设置耗能构件越多、位移角减小效果越明显；设置单层耗能构件时，设置在第六层时效果最明显。

（2）耗能对比

采用天然波 1 对结构进行分析，六个方案在罕遇地震作用下的结构耗能曲线见表 2-5。

不同楼层设置耗能构件位移角   表 2-5

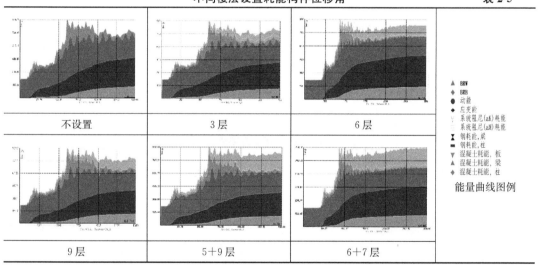

不设置	3层	6层
9层	5+9层	6+7层

图例：
▲ BRW
◆ BRB
● 动能
◆ 应变能
系统阻尼(aK)耗能
系统阻尼(aM)耗能
⊠ 钢耗能，梁
━ 钢耗能，柱
▼ 混凝土耗能，板
▲ 混凝土耗能，梁
◆ 混凝土耗能，柱

能量曲线图例

不同楼层设置耗能构件位移角   表 2-6

设置楼层	结构总耗能（kN·m）	BRB		BRW	
		耗能（kN·m）	占比（%）	耗能（kN·m）	占比（%）
无	9319	—	—	—	—
3层	9311	560	6%	1024	11%
6层	9242	90	1%	1570	17%
9层	9253	90	1%	1759	19%
5+9层	9152	119	1.3%	2013	22%
6+7层	9196	184	2%	2023	2%

单层布置方案：BRB 布置于第 3 层时，耗能明显大于布置于第 6、9 层时，主要由于

第 3 层剪力大于第 6、9 层，BRB 都处于屈服耗能状态。BRW 布置于第 9 层时，耗能最大为 19％，其次布置于第 6 层为 17％（见表 2-6）。多层布置方案耗能效果优于单层设置，设置于 6 层和 7 层时耗能效果更明显。

（3）对主结构柱损伤的影响

采用天然波 1 对结构进行分析，六个方案在罕遇地震作用下对主结构柱的损伤情况见表 2-7、表 2-8。布置耗能构件 BRB、BRW 时，主结构柱的损伤明显小于无 BRB、BRW 时的结果，布置于第 6 层和第 9 层时柱的损伤较少。布置两层耗能构件时，主结构柱的损伤更少。单层设置时，布置于 9 层时效果最好。

不同楼层设置耗能构件主结构柱损伤情况　　　　表 2-7

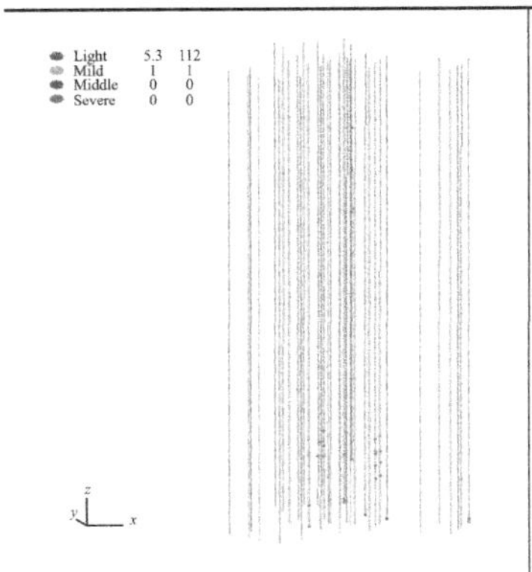

无 BRB、BRW	3 层	6 层
9 层	5+9 层	6+7 层

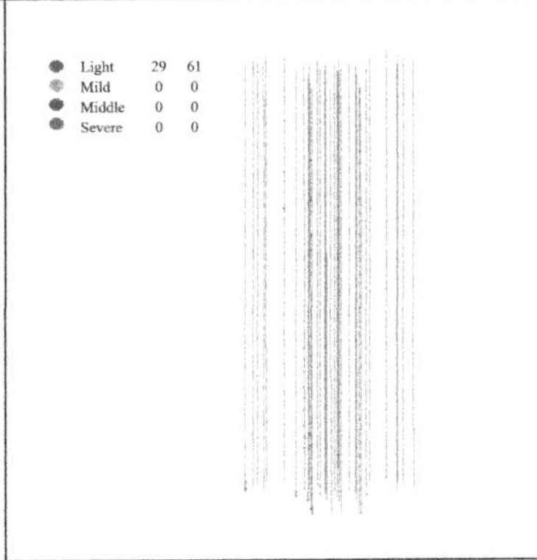

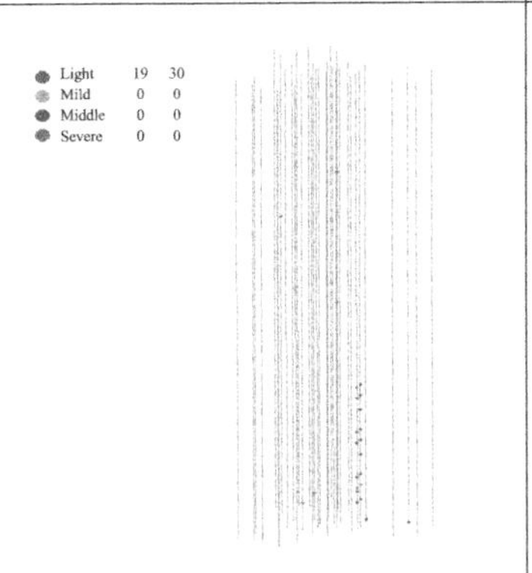

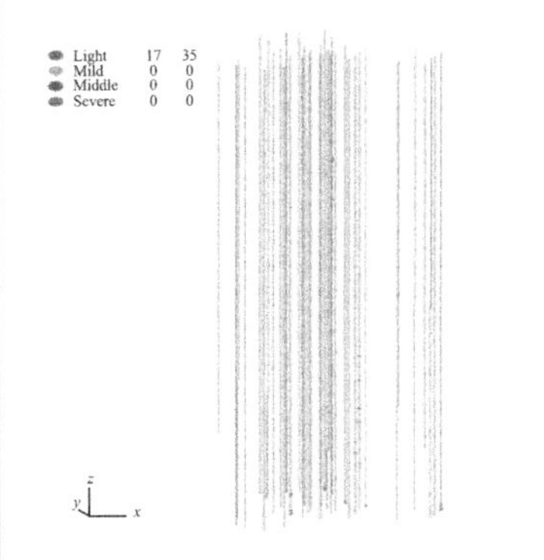

不同楼层设置耗能构件主结构柱最终损伤统计表　　　　表 2-8

设置楼层		无	3 层	6 层	9 层	5+9 层	6+7 层
主结构柱最终损伤	构件数（轻微损伤）	53	32	29	19	12	17
	构件数（中等损伤）	1	0	0	0	0	0

（4）对主结构梁损伤的影响

布置耗能构件 BRB、BRW 时，主结构梁的损伤明显小于无 BRB、BRW 时的结果。布置两层耗能构件时，主结构梁的损伤更少。单层设置时，布置于 9 层时效果最好。

在罕遇地震作用下，六个方案的主结构梁的损伤情况见表 2-9、表 2-10。

不同楼层设置耗能构件主结构梁损伤情况　　　　　表 2-9

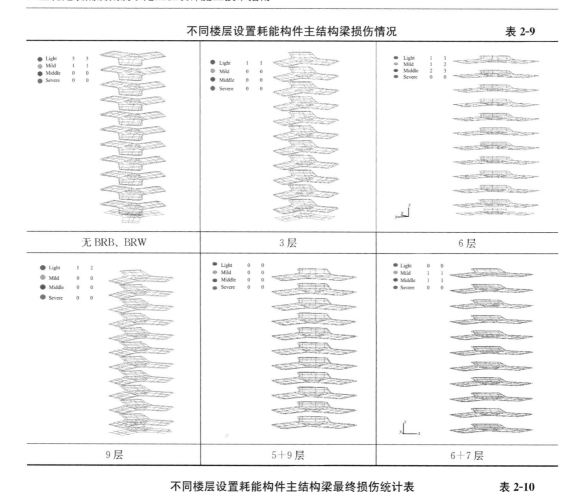

无 BRB、BRW	3 层	6 层
9 层	5＋9 层	6＋7 层

不同楼层设置耗能构件主结构梁最终损伤统计表　　　　表 2-10

	设置楼层	无	3 层	6 层	9 层	5＋9 层	6＋7 层
主结构梁 最终损伤	构件数（轻微损伤）	3	1	1	1	0	0
	构件数（中等损伤）	1	0	1	0	0	1
	构件数（中度损伤）	0	0	2	0	0	1

（5）对 BRB 损伤的影响

采用天然波 1 对结构进行分析，六个方案在罕遇地震作用下的 BRB 的损伤情况见表 2-11、表 2-12。

布置两层耗能构件时，BRB 的损伤较为明显。单层结构设置时，布置于 3 层时效果最好。

不同楼层设置耗能构件 BRB 损伤情况　　　　　表 2-11

Light	0	0		Light	0	0		Light	0	0
Mild	0	0		Mild	0	0		Mild	0	0
Middle	18	198		Middle	12	132		Middle	8	88
Severe	0	0		Severe	0	0		Severe	0	0
3 层			6 层			9 层		

续表

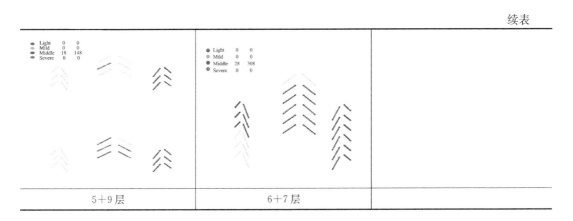

5+9层	6+7层	

不同楼层设置耗能构件 BRB 最终损伤统计表　　　　　　　　　表 2-12

设置楼层		无	3层	6层	9层	5+9层	6+7层
BRB	构件数	0	18	12	8	18	28
	纤维数	0	198	132	88	198	308

（6）对 BRW 损伤的影响

在罕遇地震作用下的 BRW 的损伤情况见表 2-13、表 2-14。无论将耗能构件布置于哪层，均全部损伤。

不同楼层设置耗能构件 BRW 损伤情况　　　　　　　　　　　　表 2-13

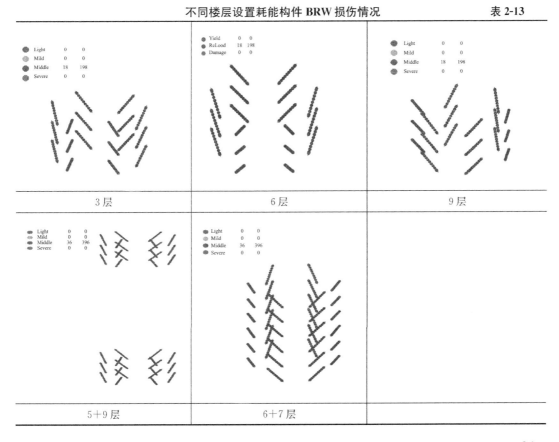

3层	6层	9层
5+9层	6+7层	

不同楼层设置耗能构件 BRW 最终损伤统计表						表 2-14
设置楼层		无	3 层	6 层	9 层	5+9 层	6+7 层
BRW	构件数	—	18	18	18	36	36
	纤维数	—	198	198	198	396	396

通过分析可以看出，罕遇地震作用下耗能构件布置两层结构时耗能效果优于布置于单层结构时。考虑到造价，将耗能构件布置于第 6 楼层时效果更明显。

2. 耗能构件在罕遇地震作用下塑性发展情况

耗能构件布置于主结构第 6 层（总层数 12～14 层），在罕遇地震作用下，屈曲约束支撑均明显进入塑性耗能阶段，屈服数量约为布置数量 66.7%，塑性发展较为充分，表现出显著的耗能效果，见图 2-35。防屈曲钢板剪力墙在罕遇地震作用下，屈服耗能接近布置数量 100%，塑性发展较为充分，表现出较好的耗能效果，见图 2-36。从各类耗能构件塑性发展过程可以看出，耗能构件出现塑性应变的顺序先是防屈曲钢板剪力墙，然后是屈曲约束支撑。屈曲约束支撑出现塑性应变构件数量较多，两类耗能构件对整体耗能贡献明显。

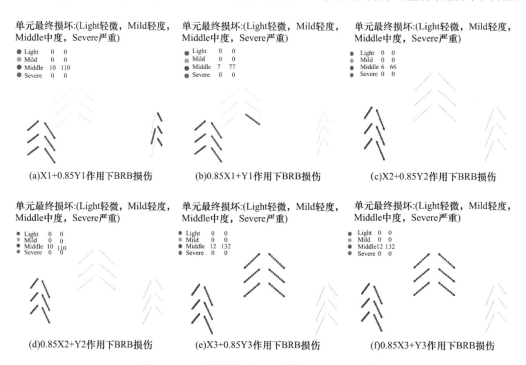

图 2-35　BRB 构件在罕遇地震作用下塑性应变结果

2.2.6.2　结构整体指标

1. 多遇地震作用下的结构整体分析

多遇地震作用下，结构整体计算结果见表 2-15。结构楼层质量分布均匀，地震作用沿高度方向无较大突变。各楼层水平地震作用最小值经调整后满足规范限值要求（或结构部分楼层剪重比均满足规范限值 1.6% 的要求）。主结构在多遇地震作用下的层间位移角为 1/987，风荷载作用下的层间位移角为 1/381；次结构在多遇地震作用下的层间位移角为 1/931，风荷载作用下的层间位移角为 1/387。风荷载作用下的层间位移角大于地震作用结果，结构属于风敏感体系，风荷载为该结构分析和设计的控制性荷载。扭转周期与平动周期之比为 0.76，小于 0.85，结构具有合适的抗扭刚度。结构刚重比、框架柱稳定性、整体抗倾覆均满足规范要求。

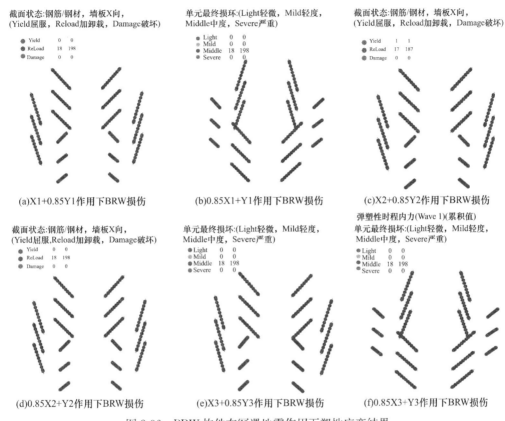

图 2-36　BRW 构件在罕遇地震作用下塑性应变结果

多遇地震下结构整体分析结果　　表 2-15

结构类型	框架-中心支撑结构	抗震等级	二级
计算软件	YJK，Midas Gen，佳构 STRAT	材料强度（范围）	柱：C60～C40/Q345 板：C30 梁：Q345
计算参数	周期折减 0.9； 不强制采用刚性楼板； 地震方向 0°、90°	梁截面	H800×300～H700×300、 H650×250～H550×250、 H700×200～H400×200
地上总重剪力系数（%）	GE＝331617.3kN X＝1.57 Y＝1.56	柱截面	P800×20、P800×18、 P800×14、P800×12、 P800×10、B350×600×14×20
自振周期（s）	X=3.52s，Y=3.50s， T=2.69s，T/X=0.76	剪重比	X 向：1.57＜1.6； Y 向：1.56＜1.6
最大层间位移角	地震作用：X＝1/987（7 层） Y＝1/1046（7 层） 风荷载： X＝1/417（7 层） Y＝1/381（7 层）	结构整体稳定性（刚重比）	X 向：1.930＞1.4； Y 向：1.872＞1.4

续表

结构类型	框架-中心支撑结构	抗震等级	二级
扭转位移比（偏心5%）	X＝1.17（1层） Y＝1.17（1层）	抗倾覆弯矩（kN） （kN·m）	地震作用：X＝319300＜7727000 Y＝314300＜1264000 风荷载：X＝499000＜8056000 Y＝553000＜13180000

弹性时程分析	波形峰值	选择7度Ⅱ类场地实际地面设计加速度记录时程波（5条）和设计谱人工加速度时程波（2条），峰值加速度35.0cm/s²，持续时间20～30s	剪力比较	X＝3365～5215 （比例：80%～124%） Y＝2073～3242 （比例：78%～122%）
	位移比较	X＝1/993～1/1339 Y＝1/966～1/1326	弹塑性位移角	X＝149（12层） Y＝162（12层）

2. 设防地震作用下结构整体分析结果

根据设防地震作用下的抗震性能目标的要求，对住宅楼进行中震分析，结构整体分析结果见表2-16。

由表可知，设防地震作用下结构X、Y向的基底剪力为多遇地震作用下基底剪力的2.67倍；整体层面的楼层X、Y向层间位移角约为多遇地震作用下层间位移角的2.97倍，分布具有规律性，没有出现异常突变的情况。楼层地震剪力与楼层抗剪承载力相比，结构整体有着较富余的抗剪承载能力，可以初步判定结构满足设防地震作用下的性能目标要求。

设防地震作用下结构整体分析结果　　　　表2-16

地震方向	最大层间位移角 （层号）	基底剪力（kN）	基底倾覆弯矩（kN）	基底剪力 （设防地震/多遇地震）
X向地震	1/355（7）	11118	473743	2.67
Y向地震	1/358（7）	10924	473041	2.67

3. 罕遇地震作用下结构整体分析结果

罕遇烈度地震作用下，X方向最大顶点位移为0.47m，Y方向最大顶点位移为0.51m；X方向顶点加速度峰值为3.52m/s²，Y方向顶点加速度峰值为4.25m/s²；X方向最大基底剪力为23199.2kN，为其对应小震计算结果的5.6倍（4183kN）；Y方向最大基底剪力为24594.4N，为其对应小震计算结果的6.0倍（4064kN），量级合理；最大层间位移角X向为1/149、Y向为1/164，均小于1/50的规范限值要求。罕遇地震作用下结构响应时程的峰值统计见表2-17。

罕遇地震作用下结构整体分析结果　　　　表2-17

类别	X向			Y向		
	X1＋0.85Y1	X2＋0.85Y2	X3＋0.85Y3	0.85X1＋Y1	0.85X2＋Y2	0.85X3＋Y3
罕遇地震 底部剪力（kN）	22657	17521	23199	21864	15586	24594
多遇地震 底部剪力（kN）	4445	3365	4183	4523	3242	4064

续表

类别	X 向			Y 向		
	X1+0.85Y1	X2+0.85Y2	X3+0.85Y3	0.85X1+Y1	0.85X2+Y2	0.85X3+Y3
底部剪力之比	5.09	5.20	5.55	4.83	4.80	6.05
底部弯矩（kN·m）	1586751	1297906	1533966	1499246	1472486	1531997
抗倾覆弯矩（kN·m）	7727000	7727000	7727000	12640000	12640000	1264000
顶层位移（m）	0.37	0.41	0.47	0.51	0.31	0.47
层间位移角	1/220	1/184	1/149	1/162	1/289	1/164

2.2.6.3　抗震加强措施

本工程在设计中充分利用概念设计方法，对各构件设定抗震性能化目标，针对结构超限情况并结合分析结果，采取如下加强措施：

（1）楼电梯厅等弱连接部位，楼板厚度取 150mm，采用双层双向配筋，配筋率控制在 0.4%～0.60%。

（2）将裙房层和架空层圆形钢管混凝土柱钢管壁厚加厚。

2.3　施工关键技术

2.3.1　施工方案概述

本项目采用装配式大框架钢混组合主次结构体系，抗侧力构件采用钢管混凝土柱-钢支撑结构，地上部分采用钢梁、地下部分采用混凝土梁，在主结构第 6 层设置屈曲约束支撑和防屈曲钢板剪力墙，预制构件种类有预制楼梯、预制阳台、预制带肋两端不出筋叠合板和预制混凝土外挂板，这些均为本项目的施工方案的关键点。

2.3.2　屈曲约束支撑和防屈曲钢板剪力墙施工技术

2.3.2.1　加工方案

（1）屈曲约束支撑加工流程见图 2-37。

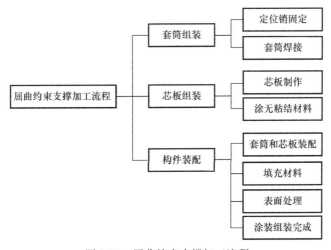

图 2-37　屈曲约束支撑加工流程

（2）防屈曲钢板剪力墙生产流程见图2-38。

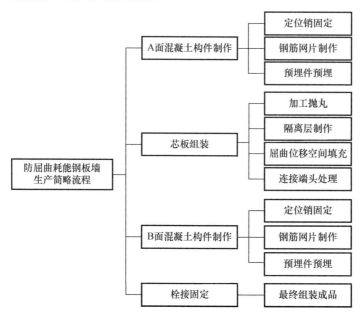

图 2-38 防屈曲钢板剪力墙生产流程

2.3.2.2 构件运输、卸货、堆放和验收

1. 构件运输

依据构件进场计划安排构件的运输，装车时应包装好，以避免构件变形，确保运输安全。

2. 构件进场和卸货

构件进场严格按现场安装分区要求分批进场。构件卸车时，必须对构件进行临时支撑，确保构件稳定。同时，要求卸货人员合理安排堆放场地，以节省卸货时间。运送构件时轻抬轻放，不可拖拉，以免将表面划伤。

3. 进场构件验收要点

（1）检查构件出厂合格证、材料试验报告、板材质量证明等随车资料。

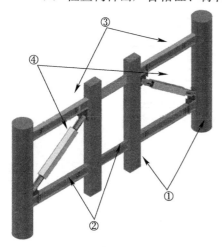

图 2-39 屈曲约束支撑施工流程

（2）检查进场构件外观，主要内容有构件摩擦面表面破损与变形、构件表面锈蚀等。若有问题，应及时组织有关人员制定返修工艺进行修理。

2.3.2.3 屈曲约束支撑施工技术

本项目主体为钢结构，待周围梁柱钢构件施工完成后进行屈曲约束支撑的安装，具体见图2-39。具体施工步骤：①施工前准备；②施工前检查；③消除误差；④连接措施；⑤吊装就位；⑥安装完成、构件刷漆。

1. 施工前准备

本工程吊装计划采用现场具有的垂直运输设备进行吊装，构件运输均采用汽车运输。现场加工所需的小型机具（具体见施工机具一览表）均已准备到位。构件的堆放场地应平整、坚实，无积水；堆放构件下应铺设垫木。堆放的构件按种类、型号、安装顺序编号分区放置。

根据深化图纸，安装相应型号的节点板，采用多处点焊固定到位。

2. 施工前检查

屈曲约束支撑安装前应对与支撑连接上、下梁柱节点进行位置检查，主要检查内容包括节点与施工图的偏位（见图 2-40）以及节点板在施工过程中出现的出平面偏移（见图 2-41）。出平面偏移不得超过节点处板厚的 1/3；当超过上述偏差时，应采取相应的措施予以纠偏，矫正后方可开始屈曲约束支撑的安装。

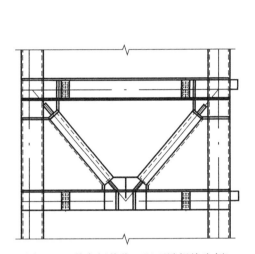

图 2-40　节点板偏位（以两端焊接为例）

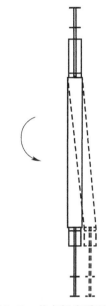

图 2-41　节点板出平面偏移

3. 消除误差

在屈曲约束支撑吊装前应再次对上下耳板间净距进行校核，若存在误差应即时采取措施进行消除，避免屈曲约束支撑吊装不能就位，产生重复工作、窝工等。

4. 吊装就位

（1）吊装就位是指将屈曲约束支撑摆放到位后进行牵拉吊装。

（2）本项目屈曲约束支撑采用塔吊吊装。

（3）屈曲约束支撑的布置形式通常有三种：人字形、V 形、单斜杆，本项目采用单斜杆形式。根据杆件的不同布置形式确定吊点的位置，一般情况下吊点位置在对应支撑长度的 1/2 处。

（4）通常情况下绑扎构件时，应直接绑扎在构件自有的吊耳，切记不要只穿部分吊耳，支撑有吊耳的面要朝上。

5. 连接措施

（1）屈曲约束支撑出厂时，与节点板螺栓连接位置已开孔，节点板可待产品固定到位后，根据现场实际情况开孔，用螺栓稍作固定。

（2）节点板与钢结构间均采用全熔透 T 型焊，待主体结构封顶，节点板与钢结构满焊到位，螺栓拧紧。

6. 安装完成，构件刷漆

屈曲约束支撑在工厂已刷好底漆，支撑构件安装合格后，首先对在现场焊接的焊缝及周围进行除锈处理，除锈合格经认可后刷底漆。屈曲约束支撑在刷面漆前，应全面检查，对在运输或安装过程中油漆损坏部位进行修补，同时在刷面漆前，应用棉纱头清理支撑构件表面的油污和灰尘等。屈曲约束支撑的安装现场见图2-42。

图 2-42 屈曲约束支撑的安装现场

2.3.2.4 防屈曲钢板剪力墙施工技术

本项目主体为钢结构，待周围梁柱钢构件施工完成后进行防屈曲钢板剪力墙的安装，具体见图2-43。防屈曲钢板墙在出厂前，连接板与防屈曲钢板墙通过高强度螺栓连接成一体（见图2-44）。孔为竖向长圆孔，间距可调。

具体施工步骤：①测量（轴线）就位准备；②鱼尾板安装；③消除误差；④钢板墙就位；⑤螺栓固定；⑥安装完成、构件刷漆。

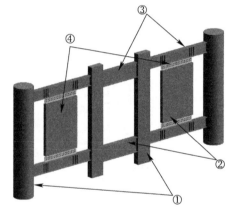

图 2-43 屈服支撑及钢板墙施工流程

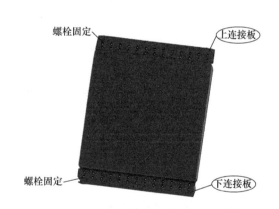

图 2-44 防屈曲钢板剪力墙与连接板示意图

1. 测量（轴线）就位准备

现场实测安装位置的垂直间距，调节长圆孔的螺栓，使得防屈曲钢板墙具备安装条件，稍作固定螺栓。产品与连接板一起吊装。

2. 鱼尾板安装

在有 BRW 的部位上下主体钢梁上进行定位，鱼尾板的定位一定要准确，以免安装 BRW 时有所偏差。待下面一层板面浇筑完成之后，进行上面一层主体结构的施工，将鱼尾板焊在主体钢梁下翼缘板上。

3. 复测并消除误差

在吊装 BRW 之前，用激光水平仪对上下两块鱼尾板进行复测，确保上下两块鱼尾板在同一条直线上。

4. 钢板墙就位

直接用现场起重设备将 BRW 吊装至安装位置，现将钢板墙下部与鱼尾板用临时螺栓连接，并采取可靠的临时固定方式。待上部主体钢梁施工后，将钢板墙上部与主体钢梁进行连接。具体示意图见图 2-45 和图 2-46。

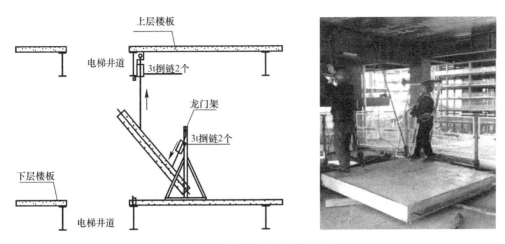

图 2-45　防屈曲钢板剪力墙就位 1

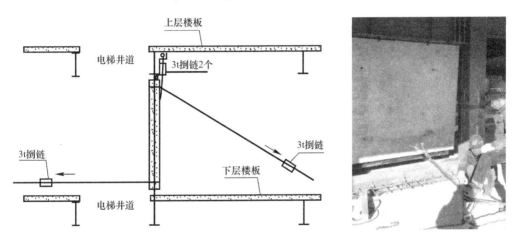

图 2-46　防屈曲钢板剪力墙就位 2

5. 螺栓固定

防屈曲钢板墙吊装到位后，调节螺栓使下连接板与钢梁对接到位，固定螺栓。上、下连接板与钢梁采用单边坡口焊，多处点焊固定钢板墙。待主体结构封顶，节点板坡口位置满焊到位，按照深化图纸将与钢板墙芯板接触位置角焊缝补强，螺栓拧紧。

焊接原则：

（1）整体焊接时，竖向应自下而上焊接，平面上应以中心单元为基点，向两侧逐块焊接；

（2）采用分段焊或间断焊工艺；

（3）焊缝采取窄道、薄层、多道的焊接方法。

6. 安装完成、构件刷漆

防屈曲钢板剪力墙在工厂已刷好底漆，支撑构件安装合格后，首先对在现场焊接的焊缝及周围除锈，除锈合格经认可后刷底漆。防屈曲钢板剪力墙在刷面漆前应全面检查，对在运输或安装过程中油漆损坏部位进行修补，同时在刷面漆之前，应用棉纱头清理支撑构

图 2-47 防屈曲钢板剪力墙的安装现场

件表面的油污和灰尘等。防屈曲钢板剪力墙的安装现场见图 2-47。

2.3.2.5 屈曲约束支撑和防屈曲钢板剪力墙施工要点

（1）施工前，连接的结构主体或阶段施工必须完成。

（2）施工固定焊接（螺栓终拧）前，主体结构必须施工结束，各类变形趋于稳定。

（3）屈曲约束支撑和防屈曲钢板剪力墙核心钢材采用低屈服点钢材或 Q235 等级钢材制造，均应提供产品质量保证书并做材料复检，提供复检报告，并符合国家标准《碳素结构钢》GB/T 700、《低合金高强度结构钢》GB/T 1591 及《建筑用热轧低屈服强度钢板和钢带》的要求。

（4）屈曲约束支撑和防屈曲钢板剪力墙所采用的其他钢材质量指标应符合国家标准《碳素结构钢》GB/T 700 和《低合金高强度结构钢》GB/T 1591 的要求，并提供产品质量证明书。

（5）安装前应对与支撑连接的上下梁柱节点板进行校核，主要校核内容包括节点板与施工图的偏位。

（6）当节点板偏移量超过允许偏移量控制范围时，应由结构施工单位采取相应的措施予以纠偏、矫正后方可进行屈曲约束支撑的安装。

（7）成品支撑构件自带有专用的吊耳（沿支撑长度有两道），可直接穿入吊索进行绑扎吊装。穿入吊索时，不得只穿部分吊耳，支撑有吊耳的面要朝上。成品钢板墙无专用吊耳，吊装时采用上部耳板螺栓孔作为吊装耳板，手拉葫芦辅助施工。

（8）支撑起吊为两端不等高起吊，首先牵拉支撑下端达到安装部位，再牵拉支撑上端达到安装部位，钢板墙起吊为水平竖直吊装。

2.3.2.6 屈曲约束支撑成品、半成品保护

1. 构件保护的组织与教育

（1）构件保护的组织

构件成品与半成品的保护穿插在构件生产的全过程。从材料储存到材料排尺、构件下料、构件组对以及构件运输、现场组装、吊装，各个阶段都应做好构件的保护工作。

组建成品、半成品保护领导小组。构件的保护工作由项目质量总监统管，由各个阶段的施工负责人牵头、质量员监管、施工员落实。

（2）构件保护的教育

对参与本工程的施工人员进行构件保护教育，与人员安全教育同步进行。

2. 运输阶段的构件保护

构件在装卸车时，吊点用垫木或橡胶垫等进行保护，避免损伤涂层。车厢板用木方或草垫垫好。分层堆放的构件，每层中用木方或草垫垫好，避免构件在运输途中颠簸摩擦造成损伤。构件在堆放完毕后，用缆绳将构件固定。缆绳与构件直接接触的地方用草垫或其他物品衬垫。车辆行进途中，对运输司机进行交底。选择路面情况好的路线，避免坑洼地段。

3. 构件在施工现场的保护

(1) 构件在现场的存放

现场存放构件的区域平整，并用枕木将地面垫高。构件分使用顺序进行存放。

构件分别存放，在存放地点标明构件使用的部位区段及预计使用时间。材料保管负责人经常巡视，发现有损构件的隐患，立即采取相应措施整改。

(2) 构件的现场运输

构件在现场倒运吊卸时，吊机操作应平稳。在吊索具捆绑的位置做好衬垫。起重工经常检查吊索情况，对于有损伤的吊索具随时更换，保证构件在吊运中的安全性。

(3) 构件成品半成品的保护

对于安装完成后没有形成稳定结构的构件或组合构件，在其周围搭设临时支撑，保证构件就位后的稳定性。在支撑周围用绳索拉隔离栏并挂警示牌，标明构件尚未稳定，任何人不得拆除支撑架或紧固葫芦，并设专人监护。

当天尚未吊装的构件，也应用绳索拉隔离栏，挂警示牌，设专人监护。

2.3.3 地上结构施工技术

本工程地上主体结构施工阶段，主要的施工流程包括钢柱安装和钢梁安装。

中部共用区域先行安装一个钢柱段以及与其连接的框架梁，然后安装外框钢柱及与其连接的框架梁。标准层钢结构安装顺序为先安装钢柱后安装主梁，最后安装相应区域次梁。钢柱安装时，按从角点向两侧对称安装的顺序进行，钢柱安装后应及时安装钢柱间的钢梁，进而形成稳定的框架结构，见图 2-48。

图 2-48 现场施工照片

地上钢柱分 3 层一节吊装，高空螺栓临时连接固定，并及时安装柱间钢梁及楼层钢梁，形成稳定框架体系。吊装完一个区域的钢柱和顶部钢梁后，进行区域性整体校正。外框柱的柱顶三维坐标经测量校正满足设计要求后，开始进行顶层钢梁的焊接，再行焊接底层钢梁，然后焊接钢柱，最后焊接中间层钢梁。当钢柱上的所有梁焊接完，再对钢柱内部进行混凝土浇筑。

1. 钢柱安装

(1) 钢柱安装准备

拆除地脚螺栓螺纹包裹物，检查螺纹丝扣有无损伤，确保螺母顺利施拧并安装调节螺母，复测地脚螺栓定位尺寸，根据测量结果，与钢柱柱脚定位孔进行校核；钢柱起吊前，安装爬梯、操作平台等安全措施，同时挂设缆风绳、溜绳等辅助加固、稳定措施。

(2) 钢柱起吊就位

钢柱就位时应缓慢落入，避免柱脚孔壁损坏地脚螺栓螺纹丝扣。若地脚螺栓与孔壁发生碰撞时，应同时对地脚螺栓适当调整，保证钢柱整体水平落入，避免斜位落入而损坏地脚螺栓。为了保证吊装平衡，在吊钩下挂设 4 根足够强度的钢丝绳进行吊运，为防止钢柱起吊时在地面拖拉造成地面和钢柱损伤，钢柱下方应垫好枕木，见图 2-49。

（3）钢柱位置调整

钢柱就位后，采用调节螺母进行标高调整，必要时可辅助斜铁调整；钢柱垂直度可采用预先挂设的缆风绳调整；通过水准仪、经纬仪（或全站仪），使用千斤顶对钢柱标高、轴线位置进行调整。

（4）钢柱焊接

钢柱调整完成后，拧紧安装螺栓；钢柱焊接时，应多人同时对称焊接，严格按照焊接作业指导书施焊，见图 2-50。

图 2-49　钢柱吊装　　　　　　　　　图 2-50　钢柱焊接

2. 钢梁安装

钢梁在地面穿好连接板并绑扎溜绳，检查吊索具后起吊钢梁吊至安装位置后，用临时螺栓固定钢梁一端，临时螺栓固定钢梁另一端，待钢梁调校完毕后，将临时螺栓更换为高强度螺栓并按设计和规范要求进行初拧及终拧。见图 2-51、图 2-52。

图 2-51　钢梁吊装　　　　　　　　　图 2-52　钢梁焊接

钢梁吊装前焊接码板，吊装就位后，安装临时螺栓，数量不少于该节点的 1/3，且不少于两颗。钢梁安装后及时进行校正，校正完毕，穿入高强度螺栓，并按照由中部向四周的施拧顺序进行初拧和终拧，初拧与终拧需在24h内完成。高强度螺栓终拧完成，对焊缝位置进行清理，达到工艺要求后进行焊接。

2.3.4 地下结构施工技术

1. 柱脚安装

柱脚预埋，在地下室基础底板施工时进行，由钢结构安装人员与土建施工人员共同配合完成。钢柱柱脚为非埋入形式（螺栓连接），其柱脚安装预埋可采用锚固螺栓进行定位埋设。见图2-53、图2-54。

图2-53 钢柱柱脚安装

图2-54 钢柱柱脚混凝土浇筑

（1）安装前的准备

在制作好的预埋定位套板上画出中心十字线；在土建绑扎要求面层钢筋过程中，穿插进行埋件的测量放线和标高的引测；根据控制点坐标换算出埋件的中心线坐标，然后用全站仪放出中心十字线并标上记号；利用多名普工抬至预埋位置进行安装埋件，在就位时将预埋定位套板上的十字中心线与测放出的中心线靠拢。

（2）就位后校正

用捯链或撬棍将埋件调整到埋件十字线与测量放线重合，校正好后进行加固，将套板与周围面筋连接成整体进行稳固，等到土建筏形基础钢筋绑扎完后再进行精校。精校不仅要测轴线位置，还要校正预埋定位套板，标记十字线的轴线和标高。等到预埋定位套板的轴线偏差符合规范要求后，方可进行后续的加固。

（3）精度要求

埋件的安装精度要求上环板面标高偏差≤±3.0mm，水平度偏差≤$L/1000$，地脚锚栓中心偏移≤5.0mm，锚栓露出长度为0.0～+30.0mm，螺纹长度0.0～+30.0mm。

（4）布筋浇筑

在套板以及螺杆的平面位置及标高最终校正完毕后，将套板与筏形基础内已绑扎完毕的面筋、梁筋固定牢固。在土建浇筑底板混凝土的同时加强跟踪监测，进行标高、轴线的复测。

2. 钢管柱与混凝土梁节点安装

钢管柱与混凝土梁节点安装工艺包括：支架搭设、梁模板铺装、梁钢筋与钢牛腿焊接、浇筑混凝土、混凝土养护以及模板拆除。

（1）支架搭设

支架搭设时，根据梁板截面大小，运用结构计算软件进行计算，确定模板支撑体系，保证木模板受力均匀和施工安全。布置时首先考虑钢管柱牛腿弧形梁木模板水平固定架，梁板支撑架随木模板进行调整布置，各立杆间距、步距必须满足设计的各项要求。

（2）梁模板铺装

根据钢筋混凝土梁的位置，预先进行下料定位，按照常用的梁模板铺装方法，首先进行梁底模的铺装，包括钢牛腿弧形段底模板的安装，并做好加固支撑工作。见图2-55。

（3）梁钢筋与钢牛腿焊接

钢筋焊接前，钢筋焊工应根据梁钢筋与钢牛腿节点的焊接施工顺序，将事先下好的钢筋运至焊接位置，钢筋焊工根据钢筋与钢牛腿模型间的位置关系，在现场进行准确放样。见图2-56。

图 2-55　梁模板铺装　　　　图 2-56　钢牛腿与梁钢筋现场焊接

（4）浇筑混凝土

混凝土浇筑时，小型振动器可通过开洞后的环形钢板进入钢牛腿内，进行节点处的混凝土振捣，增强混凝土的密实度，提高节点结构强度。节点内部的混凝土可通过新开孔洞排除空气，提高混凝土浇筑质量。

（5）混凝土养护

采用带模养护方式，使混凝土表面不易失水，有效避免了混凝土早期表面容易失水而开裂的现象。

（6）模板拆除

在模板拆除前，应对同条件下的试块进行试压，待混凝土强度达到100%方可提出拆模申请。拆模前，应对参与拆除工作的各方进行书面安全技术交底。拆除时，应严格按照"后支的先拆，先支的后拆"的原则拆除。

2.3.5　预制混凝土构件施工技术

本工程架空层以上的标准层采用预制，预制构件种类为：预制外挂墙板、预制阳台、预制楼梯和四面不出筋预制叠合板，非承重内墙采用轻钢龙骨隔墙，外围护墙采用ALC条板，楼板采用钢筋桁架楼承板组合楼盖和预制叠合板，塔楼标准层预制构件见图 2-57。

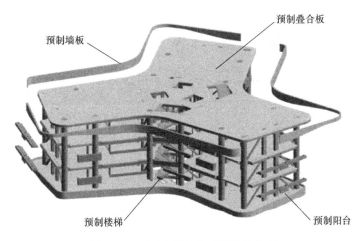

图 2-57　项目主体结构预制构件布置

1. 预制墙板

本项目预制墙板有三种，分别为预制外挂板、ALC条板和轻钢龙骨隔墙。主体结构计算时通过对结构周期进行折减来考虑其对结构刚度的影响。其中预制外挂板安装过程示意图见图 2-58。

本项目非承重内隔墙采用轻钢龙骨隔墙体系，其夹层内可敷设电气管线、开关、插座、面板、电信管线、上水管、空调冷媒管等设备管线，免除传统现场砌筑、抹灰等湿作业工序，工期更快。见图 2-59。

2. 预制叠合板

本工程采用的预制叠合板包括四面不出筋混凝土叠合板和预制带肋两端不出筋叠合板两种，见图 2-60。其中预制叠合板四面采用不出筋设计，使得施工更加简便；在板边开槽并放置连接钢筋，使受力性能等同出筋板；板面无桁架筋，拉毛后无混凝土界面抗剪问题，解决了施工阶段钢筋碰撞问题，提高了施工效率，节约了板面桁架钢筋。预制叠合板生产和安装流程如下：

图 2-58　预制外挂板示意图

图 2-59　轻钢龙骨隔墙

(a)四面开槽不出筋叠合板

(b)预制带肋两端不出筋叠合板

图 2-60　预制叠合板

（1）预制叠合板生产

叠合板采用模台流动生产线生产，依次分工序加工，整条生产线按工序流程依次划分为模板清理区、边模安装区、钢筋网安装区、桁架筋安装区、埋件安装区、混凝土浇筑区、养护区、脱模区，配套工序区有构件冲洗区、构件缓存区等。

（2）预制叠合板安装

1）预制叠合楼板安装流程

预制叠合楼板安装流程见图 2-61。

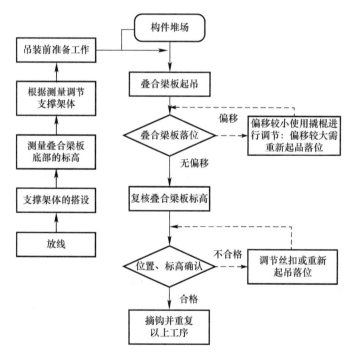

图 2-61　预制叠合楼板安装流程

2）叠合板起吊

将叠合板直接从运输构件车辆上挂钩起吊至操作面，距离梁顶 500mm 时，停止降落，操作人员稳住叠合板，参照梁顶垂直控制线和下层板面上的控制线，引导叠合板缓慢降落至支撑上方，待构件稳定后，方可摘钩和校正，见图 2-62。

图 2-62　预制叠合板安装照片

3）叠合板的定位与校正

吊装完毕后，需要双方管理人员共同检查定位是否与定位线有偏差。根据水平控制线及竖向板缝定位线，校核叠合板水平位置及竖向标高情况，确保叠合板满足设计标高要求，允许误差为 ±5mm；通过撬棍（配合垫木使用）调节叠合板水平位移，确保叠合板满足设计图纸水平分布要求（预制叠合板与钢梁搭接 50mm），允许误差为 5mm，叠合板平整度误差为 5mm，相邻叠合板平整度误差为 ±5mm。

如超出质量控制要求，或偏差已影响到下一块叠合板的吊装，管理人员需责令操作人员对叠合板进行重新起吊落位，直到通过检验为止。

3. 预制楼梯

预制楼梯构件在专业化预制工厂生产，楼梯踏步有防滑槽，预制楼梯质量好，施工快捷高效。其中楼梯上端支座固铰，下端支座滑动铰接。预制楼梯吊装就位后，用预埋螺栓固定，预留孔灌浆后，完成整个安装。

预制楼梯吊装时，由于楼梯自身抗弯刚度能满足吊运要求，故预制楼梯采用常规方式吊运，即长短钢丝绳或吊索，吊装之前根据楼梯深化设计情况计算相应的钢丝绳或吊索长度。为了保证预制楼梯准确安装就位，需控制楼梯两端吊索长度，要求楼梯两端同时降落至休息平台上。

（1）定位放线

根据施工图纸，在上下楼梯休息平台板上分别放出楼梯定位线；并在梯梁顶面放置 20mm 钢垫片，并铺设细石混凝土找平。垫片尺寸：3mm、5mm、8mm、10mm、15mm、20mm。检查竖向连接钢筋，针对偏位钢筋进行校正。

（2）预制楼梯起吊

用吊钩及长短吊绳吊装预制楼梯，吊装时设置两名信号工，构件起吊处一名，吊装楼层上一名。另楼梯吊装时配备一名挂钩人员，楼层上配备 2 名安放及固定楼梯人员，见图 2-63。

（3）预制楼梯灌浆

预制楼梯安装就位后，对预制楼梯底部及侧面采用 1：2 干硬性砂浆塞缝（同预制墙体干硬性砂浆），塞缝效果要保证后续灌浆时不漏浆。

图 2-63　预制楼梯安装示意图

预制楼梯底部及侧面干硬性砂浆塞缝 24h 后，开始进行预制楼梯灌浆施工，灌浆料选择与预制墙板灌浆料相同，灌浆时，首先从一个灌浆孔注浆，当灌浆料从另一个预留孔流出时，封堵预留孔，继续持压 30s，确保灌浆质量。

4. 预制阳台

由于预制阳台悬挑采用板式构件，在施工安装前需进行安装支撑的架设和标高调整。

其主要的工艺流程包括：预制阳台起吊就位、复核预制阳台板标高、钢悬挑栓钉焊接、预制阳台上部钢筋绑扎以及浇筑面层混凝土，见图 2-64。

图 2-64　预制阳台安装示意图

2.3.6　重难点分析及保证措施

本项目重难点分析及保证措施见表 2-18。

重难点分析及保证措施　　　　　　　　　　　　　　　　表 2-18

序号	重难点	分析	保证措施
1	确保工程施工按照节点目标工期完成及提前运营是重点	（1）本工程合同要求总体工期 284 日历天。 （2）本工程高度达 101.2m，钢结构及预制构件工程量大、材料用量多、涉及功能多，专业分包多，资源配置是否合理和专业工序穿插是否及时是本工程工期目标实现的关键影响因素	（1）编制施工总进度计划、年度、季度、月度、周进度计划，对工期落后部分及时采取纠偏措施，保证各节点工期的顺利实现。 （2）塔楼为进度主线，从地下室开始，核心电梯井区域独立向上施工，控制好垂直度，并保证外框结构与核心区域的协同向上施工。 （3）合理进行施工总平面布置，在地上施工阶段，利用裙楼位置与周边道路之间的位置作为材料堆场，满足材料垂直运输的需求，保证施工工期。 （4）制定经济合理的资源配置计划。 （5）现场管理采用动态管理，科学协调各工序穿插、衔接，保证工期节点的实现

续表

序号	重难点	分析	保证措施
2	工程防裂缝、防渗漏是项目施工管理的重难点之一	本工程属工业化装配式施工，预制构件与现浇混凝土、钢结构间的竖向拼缝、预制构件与现浇梁板间的水平拼缝，拼缝条数多，范围广，是工程潜在易渗漏点，防止其渗漏是本工程重点	（1）对预制构件与钢结构竖向接槎、预制构件与其顶部现浇混凝土梁板水平接槎，通过PC构件预制凿毛、浇筑前湿润界面，并设弯折延长渗水路径等方式进行防渗。 （2）在预制墙体与其下部楼板间利用等压防水系统，设2cm宽、外低内高5cm的缝隙，并设密封胶、膨胀止水条等，有效组织渗漏。 （3）对施工完成的各节点部位进行二次淋水实验，确保无渗漏后再进行装修施工
3	预制构件的生产和运输是影响项目进度、质量的关键因素之一	（1）本工程预制率高，构件数量多，日进场构件数量有两百多个，保障构件按计划生产及运输进场是施工管控重点。 （2）预制构件运输限制多，运输路线况复杂，运输过程中的成品保护工作细节须严格控制	（1）编制专项生产计划与生产方案，做到技术先行，计划管控。要求工厂生产进度与现场标准层的施工速度相匹配，并确保至少1层标准层的构件储备量。 （2）提前规划运输线路，以及备选路线，确保运输时能够顺畅抵达施工现场，要求正式运之前试跑一次。运输过程中根据不同构件制作专用的堆放基座，确保构件放置稳定、边角及外露钢筋受损最小
4	屈曲约束支撑和防屈曲钢板剪力墙的深化设计及施工	（1）减震构件由专业公司深化和加工，涉及多家单位之间的配合问题。 （2）减震构件和主体结构之间采用螺栓连接，如何保证构件精度和螺栓孔的对接是本项目的重点	（1）由设计单位负责协调减震构件深化单位和钢结构深化单位、预制构件深化单位，互相协调配合，满足各单位各方面的设计要求和施工要求。深化图纸通过统一校核后反映到BIM模型中进行检查，最终完成各类构件的深化设计。 （2）减震构件与主体结构之间采用螺栓连接，通过在连接板上采用长圆孔的方式来消化加工和施工误差
5	钢构件和混凝土构件的连接及施工交界面处理	（1）地下室混凝土梁和钢管混凝土柱的连接节点，人防墙和钢管混凝土柱的连接节点。 （2）埋入式柱脚包括一节柱、预埋件和基础承台底板，交叉钢筋和构件多	（1）EPC单位做好项目组织规划和管理，协调不同单位之间的关系。编制专项施工方案，要求单位提前做好规划。 （2）与钢构件上相关的预留牛腿、柱脚预埋件等构件在施工前完成钢结构深化，进行钢结构单位、土建单位多方交底，保证施工质量、避免产生施工盲区
6	预制构件种类多样，构件吊次多、节点类型多	（1）预制构件包括阳台、楼梯、四面不出筋叠合板、外挂墙板，种类较多，且每类构件连接节点均不相同。 （2）预制构件和钢构件同时需要组织吊装，吊次多	（1）在设计阶段已考虑预制构件设计、加工和施工过程中的问题，并在各阶段进行互相协调，将各类构件连接节点设计满足各阶段要求，体现EPC的优势。 （2）进行施工组织设计，采用分区域流水作业施工，做好施工进度计划，做好塔吊吊装分析

39

第3章 北京新机场旅客航站楼及
综合换乘中心（核心区）工程

3.1 项目简介

3.1.1 基本信息

（1）项目名称：北京新机场旅客航站楼及综合换乘中心（核心区）工程；

（2）项目地点：北京市大兴区礼贤镇、榆垡镇和河北省廊坊市广阳区之间；

（3）建设单位：北京新机场建设指挥部；

（4）设计单位：北京市建筑设计研究院有限公司；

（5）施工单位：北京城建集团有限责任公司；

（6）监理单位：北京华城建设监理有限责任公司；

（7）进展情况：运行通航。

3.1.2 项目概况

北京新机场旅客航站楼及综合换乘中心（核心区）工程位于永定河北岸，北京市大兴区礼贤镇、榆垡镇和河北省廊坊市广阳区之间。工程建筑面积 60 万 m^2，地下 2 层，地上 5 层，建筑高度 50.9m。建筑总平面图见图 3-1。航站楼建筑效果见图 3-2。

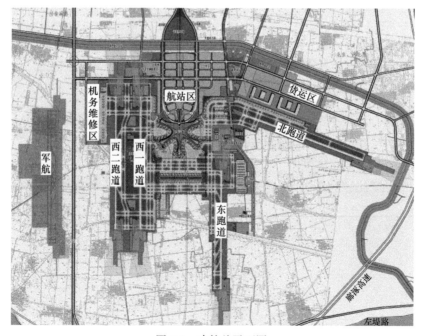

图 3-1 建筑总平面图

图 3-2　总体效果图

3.2　施工关键技术

3.2.1　施工方案概述

本工程建筑面积约 60 万 m²，地下 2 层，地上局部 5 层，主体结构为现浇钢筋混凝土框架结构，局部为型钢混凝土结构，混凝土基本柱网为 9m×9m、9m×18m 和 18m×18m 以及不同心圆的圆弧轴网、三角形轴网 9m×10.392m 等。B2 为轨道区，结构层高达 11.55m；B1 层为结构转换层，框架梁轴线跨度为 18m。

为解决高铁高速通过引起的振动和超大平面混凝土的裂缝控制的难题，同时满足隔震层上部结构的水平地震作用及抗震措施降低一度（即七度）的设计预期，地下一层柱顶采用独有的层间隔震技术，在地下一层柱顶设置 1152 套超大直径隔震支座，成为世界上最大的层间隔震建筑。结构体系示意图见图 3-3。隔震层位置示意图见图 3-4。

图 3-3　结构示意图

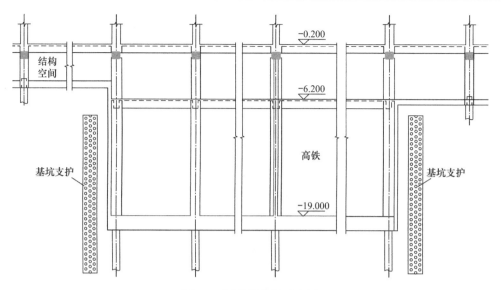

图 3-4 隔震层位置示意图

隔震层将地上结构和地下结构分开，隔震设备主要由 1044 套橡胶隔震支座、108 套弹性滑板支座、144 套黏滞阻尼器组成。其中铅芯橡胶隔震支座共 337 套，主要布置在建筑周边，增强隔震层的抗扭转刚度；普通橡胶隔震支座 LNR1200 布置 448 个，LNR1300 布置 66 个，LNR1500 布置 193 个，布置在结构内部。隔震弹性滑板支座 ESB600 布置 38 个，ESB1500 布置 70 个，隔震支座布置图见图 3-5，设置在竖向荷载非常大的位置；通过设置黏滞阻尼器来限制隔震层在大震下的位移，确保结构具有足够的安全储备和结构设计的经济性。

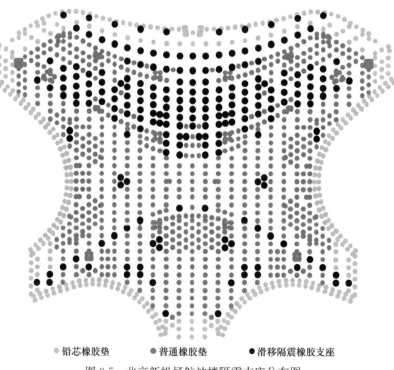

● 铅芯橡胶垫　　　● 普通橡胶垫　　　● 滑移隔震橡胶支座

图 3-5 北京新机场航站楼隔震支座分布图

3.2.2　隔震橡胶支座施工技术

隔震支座位于地下一层隔震层之间，隔震支座下法兰通过螺栓及连接件与下支墩锚固，上法兰通过螺栓及连接件与上支墩锚固。见图 3-6。

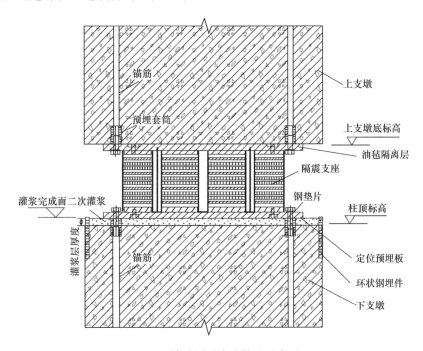

图 3-6　橡胶隔震支座构造示意图

根据橡胶隔震支座的组成及在结构中的构造，主要施工流程为：下支墩钢筋绑扎→环状钢埋件安装→下部连接件安装→下支墩侧模安装→测量定位板中心位置、标高、水平度→下支墩混凝土浇筑、清浆剔凿→复测定位板中心位置、标高、水平度→养护 3~4d→拆除模板、取下定位板，剔凿后转回定位板→二次灌浆→养护 3d 以上→支墩表面清理，测量下支墩顶平整度和标高→安装隔震橡胶支座→测量支座标高及水平度→上部连接件安装→铺设油毛毡→上支墩钢筋绑扎→上支墩侧模安装→上支墩混凝土浇筑。

（1）下支墩钢筋绑扎

绑扎下支墩钢筋及周边钢筋，隔震支墩主筋为 HRB400 级直径 40 的钢筋，双方向 U 形钢筋绑扎成钢筋笼，钢筋笼与柱主钢筋交叉，见图 3-7。

（2）安装定位预埋件

下支墩预埋件安装（见图 3-8）包括下支墩顶部环形钢圈、定位预埋钢板、套筒、锚固钢筋、螺栓等，通过预埋钢板对锚固钢筋的相对位置进行固定，测量并调整定位预埋板的标高、平面中心位置及平整度。其中，标高及中心位置偏差 5mm 以内，水平度≤3‰，根据偏差大小适时对套筒及锚筋进行调整。

（3）下支墩合模

柱顶埋件安装完成后进行下支墩合模，为确保下支墩预埋板安装精度，合模后用全站仪和水准仪复测预埋板顶面标高、平面中心位置及水平度，调整合格后对定位预埋钢板、套筒、锚固钢筋、螺栓等焊接固定，进行隐蔽验收，见图 3-9。

图 3-7　下支墩钢筋笼绑扎　　　　　　　图 3-8　下支墩预埋件安装

（4）第一次测量

预埋件安装完成后，用全站仪、GPS 逐一测量定位预埋板顶面标高、平面中心位置及水平度并记录报验并同时申请进行隐蔽验收，见图 3-10。测量合格后应对定位预埋钢板、套筒、锚固钢筋、螺栓等焊接固定。

图 3-9　下支墩合模　　　　　　　　　　图 3-10　预埋板安装完成后复测

（5）下支墩混凝土浇筑

下支墩混凝土浇筑，见图 3-11，浇筑振捣密实，同时混凝土顶与定位预埋板之间留出 40mm，用于二次灌浆。养护 3d 后进行二次灌浆。

（6）混凝土初凝后二次测量

下支墩混凝土浇筑完毕后，对支座中心平面位置、顶面水平度和标高进行复测并记录报验，若有移动，应进行校正，见图 3-12。

图 3-11　下支墩混凝土浇筑　　　　图 3-12　二次浇筑后对支墩顶面复测

（7）下支墩浮浆剔凿及二次灌浆

下支墩混凝土浇筑完成 2d 后，取下定位预埋板，劲性柱头浮浆剔凿。剔凿高度为 30～50mm，剔凿过程中不可碰触锚栓套筒，避免造成扰动或损坏，剔凿完成后将残渣处理干净，报质量部验收，验收合格后方可将定位预埋板重新安装，安装后要进行预埋板水平度及中心位置复测。下支墩混凝土浇筑完成 3d 后进行柱顶二次灌浆，避免柱顶温度过高导致灌浆料产生裂缝，见图 3-13。

（8）安装隔震橡胶支座

对主墩表面进行清理，将螺栓及临时胶套取下，再将该位置所需隔震支座吊到该支墩（柱）上，吊装支座时注意应轻举轻放，防止损坏支座和下支墩混凝土。待隔震支座下法兰板螺栓孔位与预埋钢套筒孔位对正后，将螺栓拧入套筒。螺栓应对称拧紧，紧固过程中严禁用重锤敲打，见图 3-14。

图 3-13　下支墩浮浆剔凿　　　　图 3-14　橡胶隔震支座安装

（9）支座顶面铺油毡及上支墩钢筋绑扎

隔震支座安装完成后，在其表面铺设 SBS 油毡以防止上支墩混凝土浇筑过程中砂浆潜入螺栓周围，便于将来更换，见图3-15。

3.2.3 滑动隔震支座施工技术

建筑隔震弹性滑板支座的结构相对简单，由叠层橡胶钢板、摩擦副（通常采用镜面不锈钢板和滑移材料）以及连接件组成，见图3-16。

传统的弹性滑板支座施工安装，下支墩直径较大，镜面不锈钢板固定于下支墩顶面，叠层橡胶支座本体固定于上支墩底面，镜面不锈钢板支撑着叠层橡胶支座本体。北京新机场旅

图3-15 支座法兰板铺设SBS油毡

客航站楼应用的弹性滑板支座施工安装方式与传统方式有明显不同，其弹性滑板支座的叠层橡胶支座本体安装于下支墩顶面，滑移面板安装在上支墩底部或上部梁底，镜面不锈钢板朝下倒扣在叠层橡胶支座本体上，下支墩截面尺寸可以控制在合理范围之内，避免下支墩截面尺寸过大对隔震层的使用功能的影响，同时降低了下支墩工程造价。弹性滑板支座的安装方法，从下支墩钢筋绑扎—埋件安装—二次灌浆的过程与3.2.2高性能橡胶支座的安装方法一致，不重复叙述，本节从滑板支座橡胶部安装开始说明。

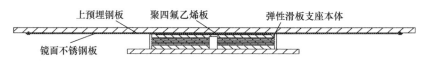

图3-16 弹性滑板支座构造

图3-17 滑板支座橡胶部安装

（1）滑板支座橡胶部安装

下支墩顶清理、清扫、找平，测量平整度，安装弹性滑板支座橡胶部，见图3-17。

（2）安装支撑组件

安装滑移镜面板的支撑组件利用现场的脚手架、方钢管、U形托、方木等，使得支撑组件上表面与滑板支座橡胶部顶面在同一标高上，见图3-18。

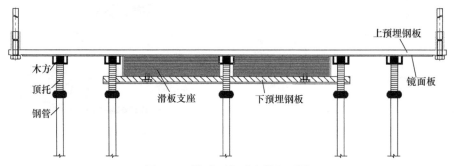

图3-18 滑动面临时支撑立面图

（3）安装滑移镜面板及上预埋件

由于滑动面直径较大（ESB600 支座滑动面直径为 2.5m；ESB1500 支座滑动面直径为 3.2m）而厚度相对较薄（ESB600 支座滑动面厚度为 3.6cm；ESB1500 支座滑动面厚度为 4.3cm），平面外刚度较小。为保证吊运过程中滑动面的平衡及水平，采用吊带和铰链相结合的方式，在吊带和铰链的外侧同时施与磁力吊进行辅助。安装滑移镜面板，将滑移镜面板吊装到支撑组件上表面，测量中心位置和平整度，然后使用扁铁固定滑移镜面板，安装滑移镜面板上的预埋件，见图 3-19。

图 3-19　安装滑移镜面板和上预埋件

（4）上支墩支模浇筑

滑移面板及上部锚筋安装完毕即可进行上支墩（柱）钢筋绑扎及混凝土浇筑，见图 3-20。

上支墩（柱）混凝土完成终凝后应尽快将临时固定扁铁取出，以避免因上支墩（柱）及周边相连梁板混凝土变形使临时固定扁铁受力从而导致上、下支墩（柱）和滑板支座处于不正常的受力状态而对滑板支座及上、下支墩（柱）造成的破坏。支座安装完成效果见图 3-21。

图 3-20　上支墩钢筋笼绑扎

图 3-21　制作安装完成

3.2.4　阻尼器施工技术

黏滞阻尼器是应用黏性介质和阻尼器结构部件相互作用产生阻尼力的原理设计制作的一种被动速度相关型阻尼器，主要由销头、活塞杆、活塞、衬套、油缸、壳体及阻尼介质等部分组成，见图 3-22。

当工程结构因振动发生变形时，安装在结构中的黏滞阻尼器的活塞与油缸之间发生相对运动，由于活塞前后的压力差使阻尼介质从阻尼孔中通过从而产生阻尼力，耗散外部输入结构的振动能量，达到减轻结构振动相应的目的。阻尼器一端安装在首层楼板梁下吊柱，另一端安装在支座下支墩，见图 3-23。

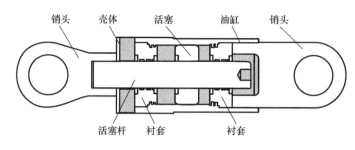

图 3-22　双销头形式

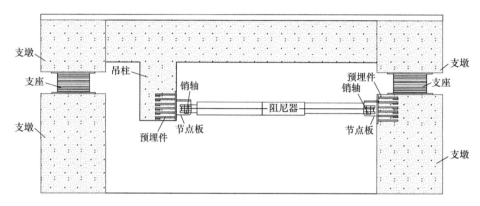

图 3-23　阻尼器安装示意图

（1）下支墩侧壁预埋件安装

下支墩顶，环形钢圈以下 100mm，将预埋组件的锚固钢筋嵌入下支墩钢筋笼中，测量调整中心位置和标高，30mm 厚预埋钢板与钢筋笼主筋点焊，并借助辅助钢筋点焊，预埋钢板四周侧面点焊固定，见图 3-24。

（2）吊柱侧壁预埋件安装

吊柱底端以上 100mm 位置，将预埋组件的锚固钢筋嵌入吊柱钢筋笼中，测量调整中心位置和标高，30mm 厚预埋钢板与钢筋笼主筋点焊，并借助辅助钢筋点焊，预埋钢板四周侧面点焊固定，见图 3-25。

图 3-24　下支墩侧壁预埋件安装

图 3-25　吊柱侧壁预埋件安装

（3）下支墩下节点板熔透焊

节点板焊接区域除锈，测量下支墩节点板的标高和中心位置，采用三角铁临时支撑节点板，熔透焊接节点板，焊接完毕后应进行探伤检查，见图 3-26。

（4）吊柱下节点板熔透焊

节点板焊接区域除锈，测量吊柱节点板的标高和中心位置，采用三角铁临时支撑节点板，熔透焊接节点板，焊接完毕后应进行探伤检查，见图 3-27。

图 3-26 下支墩下节点板熔透焊

图 3-27 吊柱下节点板熔透焊

（5）安装黏滞阻尼器

用两根电动葫芦将黏滞阻尼器缓慢水平吊起，放置于下节点板上，见图 3-28。

图 3-28 安装黏滞阻尼器

图 3-29 安装销轴

图 3-30 上节点板熔透焊接

（6）安装销轴

安装上节点板，上下节点板的中孔对准黏滞阻尼器的销头中孔，安装销轴，并锁紧，见图 3-29。

（7）上节点板熔透焊接

熔透焊接上节点板，焊接完毕后进行焊缝探伤检查，见图 3-30。

（8）除锈刷防锈漆

预埋板、节点板表面除锈，涂刷防锈油

漆，并完成验收。

3.2.5 隔震支座变形控制施工技术

隔震层单层建筑面积约 16 万 m²，为超大平面混凝土结构，大体积混凝土产生温度应力、混凝土收缩应力，会导致隔震支座产生水平剪切位移，施工过程中，隔震层留了多条施工后浇带和结构后浇带，2017 年 2 月以后陆续封闭施工后浇带。为及时掌握隔震支座的水平位移量以及位移方向，并比较封闭后浇带前后的支座水平位移变化，特对隔震支座进行了位移监测。B1 层布置位移监测点 14 个，测量隔震支座与 F1 层楼板的相对位移，每个监测点布置 2 个位移传感器。B1 层共布置有 28 个位移传感器，见图 3-31。试验中位移传感器采用 Panasonic 的 HG-C1200 激光位移传感器，见图 3-32。位移传感器测量范围为 ±200mm，测量精度 200μm。

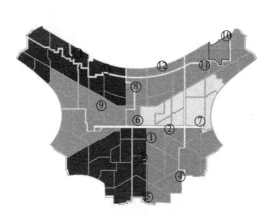

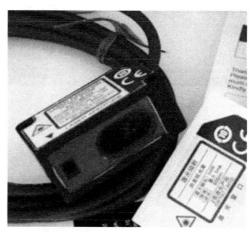

图 3-31　B1 层位移监测点布置图　　　　图 3-32　位移传感器

结合北京新机场航站楼核心区的施工进度安排，进行北京新机场航站楼核心区超大平面混凝土结构隔震层楼板不同浇筑环境温度对隔震支座影响的数值模拟，结合北京新机场航站楼核心区超大平面混凝土结构的施工进度计划，在简化温度场和结构后浇带封闭顺序情况下，采用 Midas 有限元分析，研究隔震层楼板浇筑时机对隔震支座位移的影响，针对整个机场模型，进行极限年温差下，隔震支座位移的预测研究。

通过计算分析，可得出以下结论：（1）不同结构后浇带封闭顺序引起隔震支座水平位移最大值的差异小于 5%，因此，可忽略结构后浇带封闭顺序对隔震支座位移的影响。（2）后浇带的施工进度显著影响隔震支座的最大位移。最大位移和施工进度不是线性关系，存在最优施工进度。对于在冬季低温条件下开始新机场结构后浇带封闭的情况，采用 10d 一个施工步的施工速度，隔震支座的位移最小，可使隔震支座施工期间的位移小于 50mm。

第 4 章　北京市建筑设计研究有限公司 C 座科研楼改造工程

4.1　项目简介

4.1.1　基本信息

(1) 项目名称：北京市建筑设计研究院有限公司 C 座科研楼改造工程；
(2) 项目地点：北京市西城区南礼士路 62 号；
(3) 开发单位：北京市建筑设计研究院有限公司；
(4) 设计单位：北京市建筑设计研究院有限公司；
(5) 施工单位：北京建院装饰工程设计有限公司；
(6) 进展情况：已竣工并投入使用。

4.1.2　项目概况

本项目为北京市建筑设计研究院有限公司 C 座科研楼改造工程，位于北京市西城区南礼士路 62 号院内，项目用地北侧为北京市建筑设计研究院有限公司家属区，东侧为西二环，南侧为国家海洋局，西侧为南礼士路，见图 4-1。

图 4-1　项目所在位置

该建筑建于 1982 年，采用装配整体式预应力板柱-现浇剪力墙结构体系（IMS 结构体系），基础采用钢筋混凝土箱型基础。IMS 结构体系由南斯拉夫塞尔维亚共和国材料研究所于 20 世纪 60 年代首先提出，具有结构自重较轻的特点，是我国早期的装配式试验建筑。楼板为无梁预应力平板结构，节约了层高，使建筑布局具有较大的灵活性，但其对施工要求较高。我国于 20 世纪 80 年代在北京、四川、河北地区建造过一批装配整体式预应力板柱体系建筑。北京市建筑设计研究院有限公司 C 座科研楼为我国采用该结构体系的第一栋高层建筑，见图 4-2。

图 4-2　加固前建筑立面图

建筑高度为 42.6m，地上 12 层、局部 14 层，地下 2 层（地下 1 层为设备夹层）。地下 2 层层高 4.2m，地下 1 层层高 2.1m，地上首层层高 4.5m，2～3 层层高 3.9m，3 层以上层高为 3.3m。总建筑面积 8651.9m²。地上主要建筑功能为办公和会议，地下主要建筑功能为设备机房，加固后建筑功能维持不变。

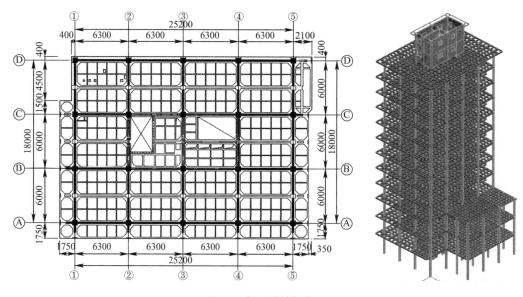

图 4-3　加固前结构布置

结构主体构件的组装采用张拉钢丝束将楼板与柱子结合起来，成为一个均匀的双向预应力楼盖。相比于梁柱框架体系，预应力板柱体系刚度偏小，因此通常需配置一定数量的剪力墙。结构板、柱之间的剪力传递主要依靠摩擦力（竖向荷载），双向预应力对整体楼盖的整体性有良好的作用，能更可靠地将水平力传递给剪力墙，见图 4-3。

4.1.3　检测鉴定概况

C 座科研楼在建成后经历了几次改造，封闭了南侧、东侧的阳台外墙，由于增加了阳台封闭的墙体，在阳台侧采用后加钢结构支撑原有主体结构。BIAD 于 2015 年委托北京市建设工程质量第二检测所有限公司对 C 座科研楼进行了房屋建筑安全（含抗震）鉴定。

根据北京市建设工程质量第二检测所于 2016 年 8 月提供的《房屋建筑安全（含抗震）鉴定报告》，按照 A 类建筑（后续使用年限为 30 年）对该建筑进行抗震鉴定，以下内容均不满足规范要求[8]：该建筑地上 12 层，超过 A 类建筑限值；预制楼板与现浇抗震墙之间的连接无法可靠地传递地震作用；装配式框架节点未采用整浇节点。对该建筑进行抗震验算，混凝土结构的抗震承载力不满足要求，地震作用下位移变形不满足要求。根据北京市地方标准《房屋结构综合安全性鉴定标准》[9]，对该建筑进行综合抗震承载力评级，该建筑抗震能力等级为 Dse 级。综合以上各项内容，为了保证结构的抗震性能，并综合考虑施工难度、改造后的使用性能以及经济造价等方面因素，建议对该建筑进行拆除重建。

4.1.4　减震技术应用情况

本项目为加固改造项目，原结构建于 1982 年，采用装配整体式预应力板柱-现浇剪力墙结构体系。为补足原结构体系短板、增加一道结构抗震防线，利用装配式板柱节点在地震作用下有较大转角的特点，在柱顶部位设置腋撑式承载耗能支撑，见图 4-4。

在建筑 1~11 层外框柱顶布置腋撑式承载耗能支撑，每个外框角柱布置 2 个耗能支撑，每个外框边柱布置 3 个耗能支撑，全楼约布置 400 个耗能支撑。

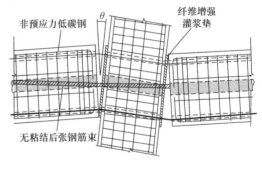

图 4-4　板柱转角机理

本项目采用阻尼器的技术要求：

（1）本工程采用腋撑式承载耗能支撑，性能指标如下：支撑外观尺寸最大为 250mm×350mm×50mm，设置在梁柱节点腋部，完全装配化安装，支撑屈服力为 50kN，初始屈服刚度为 180kN/mm。

（2）本工程腋撑式承载耗能支撑制造商应对产品进行力学性能试验并提供相关的检测试验报告。支撑部件应能表现出稳定的、可重复的滞回性能，要求一次在 1/300、1/200、1/100 支撑长度的拉伸和压缩往复各三次变形下，支撑有稳定饱满的滞回曲线。并在 1/500 支撑长度位移幅值下往复循环 30 圈后，支撑的主要设计指标误差和衰减量不应超过 15% 且不应有明显的低周疲劳现象。承载部件应具有足够的承载力，去除支撑后，承载部件本身承担竖向荷载的能力应大于 50kN。

（3）本工程腋撑式承载耗能支撑及连接件布置图，支撑大小及其与连接件连接点仅为示意，支撑（包括连接节点）应由有相关资质的单位（厂家）深化设计、制作及安装，并得到设计确认。

（4）腋撑式承载耗能支撑制造商应对芯材进行性能试验；芯材的屈强比不应大于0.8，伸长率应大于30％并有明显屈服台阶，应具有常温下27J冲击韧性功。

（5）腋撑式承载耗能支撑应保证具有良好的环境特性，耐气候、耐腐蚀，耐火等级常维护使用年限为50年，为二级，耐火极限为2h，在火灾时应与结构共同工作。腋撑式承载耗能支撑正常维护使用年限为50年。

（6）所有与腋撑式承载耗能支撑相连接的节点板材料都为Q235B。

（7）构件长度偏差，允许偏差为±0.5mm。

4.2 设计关键技术

4.2.1 结构体系及布置

自1976年唐山地震以后，南斯拉夫IMS预制预应力混凝土框架建筑体系传入我国，由于它具有抗震性能好，材料用量小，平面设计灵活等优点，因此受到国内有关方面的重视。IMS预制预应力混凝土框架体系是由塞尔维亚的材料试验所于1956年发展起来的。次年在新贝尔格莱德开始修建IMS体系试验楼，后来才逐步发展成为应用广泛的建筑体系，见图4-5。在南斯拉夫诺维萨特、班亚芦卡等城市使用该体系的建筑达到数万栋。在匈牙利修建了一栋26层高的办公楼和一栋高层塔楼式公寓楼。

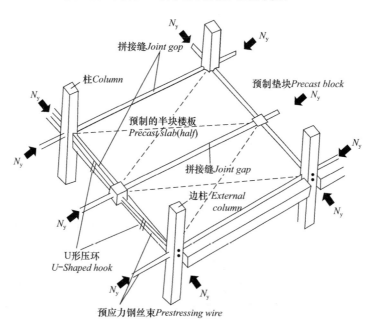

图 4-5　IMS体系典型结构单元

IMS结构体系是四根柱子和柱子之间的一块楼板组成的一个矩形单体组成。柱子和楼板通过沿着楼板边和穿过柱子的预应力筋连接起来，见4-6。两块相邻楼板所形成的槽缝中是预应力筋,后用混凝土灌注。因此形成一个预应力梁的水平体系,位于柱子之间正交的双向预应力将该层所有楼板都连接在一起。从原理上说,预应力筋是线性的放置并施加预应力,但碰到较大跨度和荷载时,预应力筋也可以曲线布置。

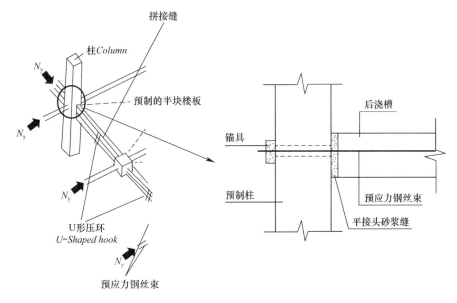

图 4-6　板柱节点构造

1962 年南斯拉夫采用整体预应力装配式板柱结构体系建造了 17 片住宅(3 栋未经抗震设防,其余按 7 度抗震设防),1969 年先后发生了 6.0 级、6.2 级地震(相当于 MSC 标准 8 度地震)。三栋未经抗震设防的建筑,外墙与主体结构脱开,后张框架只在楼板下、柱上有微裂缝,主体结构完好;剩余 14 栋、5～13 层、按 7 度设防建造的房屋,仅局部有微裂缝,没有任何严重损坏。

李郚、宋瑞华[10]在《高层装配整体预应力板柱结构的几个问题》中指出,板与柱平接的预应力摩擦节点有很高的承载能力;板与柱的相对转角可达 1/20,变形能力很大;板柱摩擦节点耗散地震能量少;节点转角位移由小到大、由大到小,造成节点与结构的刚度与之成反比的变化,见图 4-7。

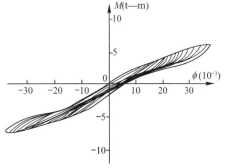

图 4-7　板柱节点在水平荷载下的滞回曲线

李郚[11]在《摩擦耗能体系预应力板柱结构》中指出,IMS 体系有以下缺点:(1)板柱节点承压面小时,由于柱主筋偏拉、保护层太厚,被板角挤落,造成板角突然跳出平面失稳(施工过程中曾发生);如此构造对于结构物角柱在地震反应时特别不利,当结构刚心和质心不重合产生扭转时,危险程度更大,将导致整个结构的过早破坏;(2)从抗震性能上看,其结构体系耗能很差。

本项目为提高结构抗侧刚度,在 IMS 结构体系基础上布置了现浇钢筋混凝土核心筒。徐渭、戴国莹[12]在《设置剪力墙的整体预应力板柱结构抗震性能的研究》指出:具有现浇剪力墙的预应力板柱建筑，当预应力计算合理时，无论是自振频率、振型与刚度等动力特性，还是强度、变形能力、极限承载力及主要破坏特征，均与现浇框-剪结构相近，具有良好抗震性能，能够满足现行规范 8 度的抗震设防要求。

原结构基础采用钢筋混凝土箱型基础，根据原图纸，基础持力层为④层细砂层，地基承载力特征值为 220kN/m²。结构至今已使用了将近 40 年，原地基基础承载力提高了约 10%[8]，改造后的建筑物重量增加不超过 10%（总体荷载减少），因此地基基础不需要加固处理。北京市勘察设计研究院有限公司于 2017 年对 C 座科研楼进行了补充勘察，详《BIAD-C 座科研楼修缮性改造工程岩土工程勘察报告》（2017 技 088）。依据新的地勘报告，原结构基本落于②-2 层细砂、中砂层，地基承载力特征值为 280kN/m²；裙房局部少量落于②-1 层黏质粉土、粉质黏土层，地基承载力特征值为 160kN/m²；地基承载力均不低于原设计时取用的承载力，故不对原地基基础进行加固处理。

主要结构材料：

1）预制边梁、板、柱：400 号混凝土；

2）现浇剪力墙：300 号混凝土（1～3 层），250 号混凝土（4～12 层）；

3）楼面配筋垫层：250 号细石混凝土，双向 $\phi6@300$ 配筋。

主要构件截面：

1）柱：500×500；

2）剪力墙：200mm（X 向）、300mm（Y 向）；

3）预制板板肋高度：300mm，楼面配筋垫层厚度：50mm。

改造后的建筑结构设计标准及抗震设防参数见表 4-1、表 4-2 所示。

结构设计标准　　　　　　　　　　　　　　　　　　　　　表 4-1

设计基准期	50 年
（后续）建筑结构使用年限	（后续）30 年
结构安全等级	二级
结构重要性系数	1.0
基础设计安全等级	二级
建筑物耐火等级	二级

抗震设防参数　　　　　　　　　　　　　　　　　　　　　表 4-2

抗震设防烈度	8 度
设计基本地震加速度值	0.20g
水平地震影响系数最大值	0.12（考虑后续使用期 30 年，按 0.75 折减系数折减）
建筑抗震设防类别	标准设防类
设计地震分组	第一组
场地特征周期	0.35
结构阻尼比	0.05
建筑场地类别	II 类

采用 PKPM 软件对原结构进行整体计算，见图 4-8。

根据软件计算结果，在地震作用下，X 向最大层间位移角为 1/770，Y 向最大层间位移角为 1/530，均大于规范[13]要求的 1/800；X 向最大扭转位移比为 1.33，Y 向最大扭转位移比为 1.31。计算结果表明，部分墙体稳定性不满足要求，部分墙体配筋不足，且原结构未设置边缘构件，较多的连梁剪压比验算不满足等。

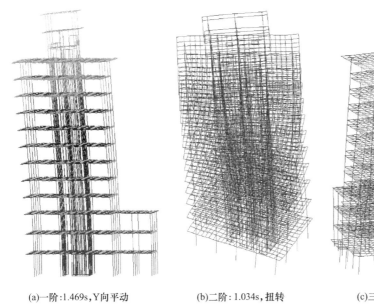

(a)一阶：1.469s，Y向平动　　　(b)二阶：1.034s，扭转　　　(c)三阶：0.954s，X向平动

图 4-8　原结构振型

采用 Perform3D 软件对原结构在大震作用下的性能进行计算，采用两条天然波和一条人工波进行计算，见图 4-9。

通过大震弹塑性时程计算，原结构在大震作用下，X 向最大层间位移角为 1/97，Y 向最大层间位移角为 1/62，见图 4-10。

通过对原结构的计算和分析表明：原结构不满足抗震设防目标，需要进行整体加固。

4.2.2　加固设计

根据专家评审会的意见，原结构框架柱与核心筒之间的现有连系梁较弱，梁柱节点无法传递弯矩，本质为铰接，地震作用时，框架柱很难分担地震作用，建议在建筑外围框架部分增设消能支撑。针对建筑平

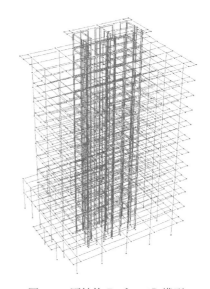

图 4-9　原结构 Perform3D 模型

面不支持增设消能支撑的现状，应立足于将核心筒部分牢靠加固，承担 100% 地震作用；其次，现有核心筒增大截面的加固方案，结构自重增加较大，应复核原有地基承载力，就正常使用阶段的安全性和抗震安全性而言，应首先关注结构正常使用阶段的安全性，后续设计时可结合计算结果对现有核心筒加固方案进行优化，考虑减薄上部各层核心筒墙体加固厚度或不加固；再次，虽然该结构为框架-核心筒结构，但由于其高度未超过 50m，按《高层建筑混凝土结构设计规程》[13] 的要求，可按框架-剪力墙结构的相关要求进行设计。在柱头增设牛腿是非常重要的防止楼板掉落的措施。

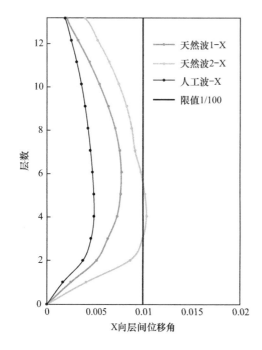
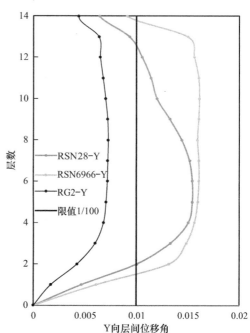

图 4-10　原结构大震作用下层间位移角

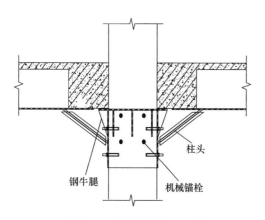

图 4-11　钢牛腿及 BRB 布置

根据计算结果及专家意见，确定本项目加固方案如下：

（1）柱头增设钢牛腿及耗能支撑，解决结构耗能能力差、结构竖向安全性不足的问题，见图 4-11。

（2）核心筒墙体增大截面加固，并增加边缘内构件，解决结构整体刚度不足、墙体承载力不足的问题，见图 4-12。

（3）所有 460mm、500mm 宽暗梁下采用粘钢加固法进行加固，见图 4-13。

（4）50mm 厚现浇叠合层楼板采用板上表面新增 40mm 钢筋混凝土叠合层进行加固，破损严重的拆除重做，解决楼板承载能力不足的问题。

4.2.3　减震设计

针对本项目板柱节点在水平荷载作用下存在较大转动变形的特点，并考虑到尽量减少对室内空间的影响，研发了装配式腋撑耗能支撑，见图 4-14。该支撑对整体结构的刚度影响较小，主要布置在节点区，利用节点区的相对变形或相对速度进行耗能。国内外此类节点阻尼器也有较多的应用。

本项目采用的装配式腋撑耗能支撑为一种位移型金属阻尼器，其基本构造见图 4-15，属于屈曲约束支撑，主要利用芯材的屈服耗能。

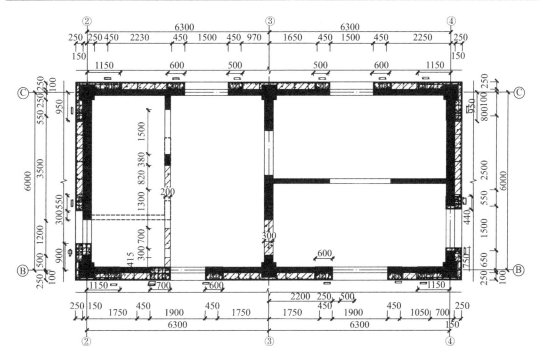

图 4-12　核心筒加固

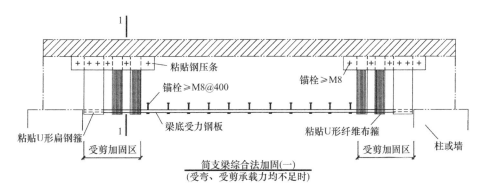

图 4-13　梁下粘钢加固

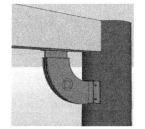

图 4-14　国内外节点阻尼器

　　通过试验，本项目采用的耗能支撑具有滞回环饱满，耗能能力强，构造合理，安装方便等优点，见图 4-16。

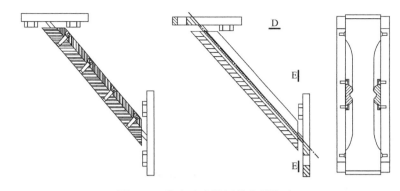

图 4-15 装配式腋撑耗能支撑构造

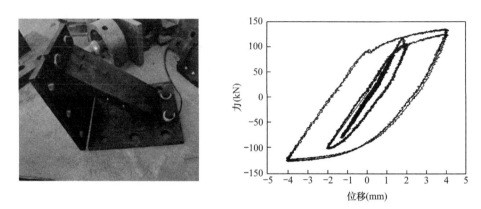

图 4-16 装配式腋撑耗能支撑成品及其滞回曲线

本项目为改造项目，因原结构布置的特点，仅在外框柱柱顶布置耗能支撑，具体布置详 4.1.4 节，阻尼器连接节点见图 4-17。

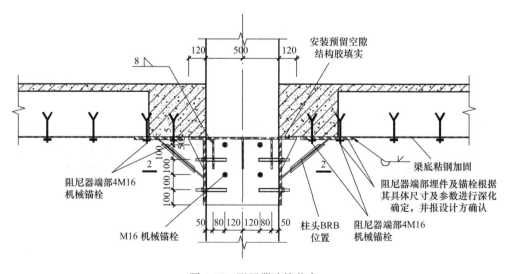

图 4-17 阻尼器连接节点

4.2.4　结构设计指标

采用 PKPM 软件对加固后的结构进行整体计算，不考虑耗能支撑的作用。加固后结构第一阶自振周期为 1.147s（Y 向平动），第二阶自振周期为 0.831s（扭转），第三阶自振周期为 0.765s（X 向平动），在小震作用下，X 向最大层间位移角为 1/1320，Y 向最大层间位移角为 1/913，均满足规范要求，见表 4-3、表 4-4。

加固前后结构自振特性对比			表 4-3
类别	第一阶（s）	第二阶（s）	第三阶（s）
加固前	1.469（Y 向平动）	1.034（扭转）	0.954（X 向平动）
加固后	1.147（Y 向平动）	0.831（扭转）	0.765（X 向平动）

加固前后结构小震下位移对比			表 4-4
类别	X 向层间位移角	Y 向层间位移角	规范限值
加固前	1/770	1/530	1/800
加固后	1/1320	1/913	1/800

采用 Perform3D 软件对加固后的结构进行大震作用下的性能验算。耗能支撑采用 BRB 单元进行模拟，见图 4-18。加固前后大震下层间位移角见图 4-19，加固前后结构大震下位移对比见表 4-5，某耗能支撑滞回曲线及构件耗能占比（X 向）见图 4-20。

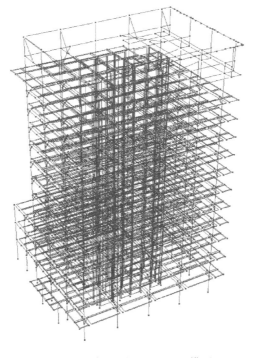

图 4-18　加固后 Perform3D 模型

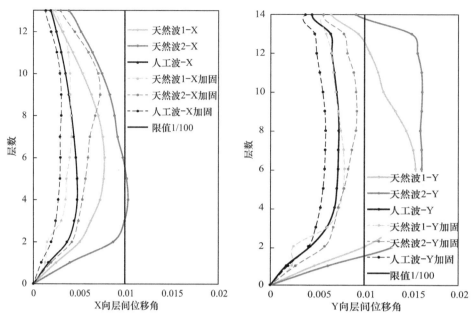

图 4-19　加固前后大震下层间位移角

加固前后结构大震下位移对比　　　　　　　　　　　　　　表 4-5

类别	X 向层间位移角	Y 向层间位移角	规范限值
加固前	1/97	1/62	1/100
加固后	1/136	1/110	1/100

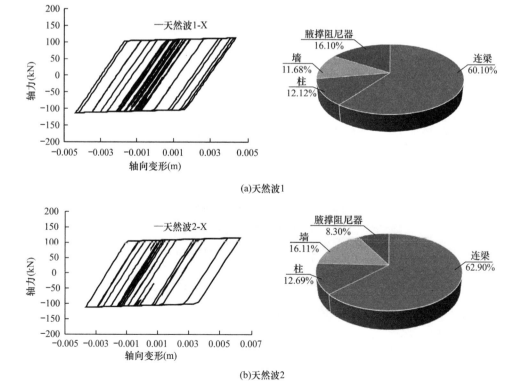

图 4-20　某耗能支撑滞回曲线及构件耗能占比（X 向）（一）

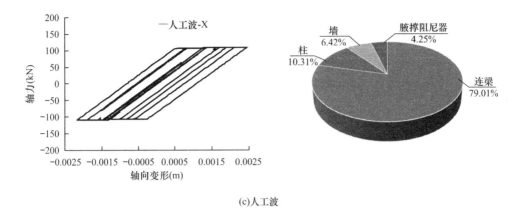

(c)人工波

图 4-20　某耗能支撑滞回曲线及构件耗能占比（X 向）（二）

计算结果表明，对结构进行加固后，通过增设钢牛腿，在大震作用下，结构竖向安全性得到了保证；通过增设耗能支撑，增强了结构的耗能能力；对剪力墙增加截面加固，增强了结构整体刚度，增强了结构体系耗能，解决了墙体承载能力不足的问题；暗梁粘钢加固、楼板叠合层加固，解决了构件承载能力不足的问题，避免了可能产生的连续倒塌。最终结构实现了小震不坏、大震不倒的抗震设防目标。

4.3　施工关键技术

4.3.1　原主体结构施工技术

本节为原主体结构施工时的相关要求，与现在的施工工艺可能有一些区别，仅供参考。

预应力板柱结构的安装顺序：先安装柱子，随之将楼板、边梁、阳台灯构件吊装就位之后，张拉预应力钢丝束，铺装板面钢丝网，然后浇灌板缝混凝土，由下向上逐层进行，见图 4-21。

(a)施工临时支撑

(b)悬挑端预应力张拉

图 4-21　原主体结构施工照片

1. 预制柱安装

（1）预制柱安装要特别注意柱上预留穿钢丝束的 D40 孔洞中心线与楼层标高关系。纵向孔与横向孔方向要正确，标高要准确。

（2）柱与柱拼装时，应先将上阶小柱头的埋件 M1 与下阶柱顶的埋件 M2 点焊就位之后，对柱主筋进行焊接。预甩的柱子主筋需要矫正调整时，不得强扳硬砸，要用氧气乙炔烤热，慢慢调准。接头部位封闭箍筋位置要准确，箍筋要搭接焊 5d。

（3）柱接头处浇筑高一强度等级的快硬混凝土。模板不能漏水、跑浆，要振捣密实。

（4）柱接头其他注意事项参照"80G81"梁柱通用构件图集（试用图）的有关施工规定。

2. 楼板安装

（1）楼板安装前，应在每个柱头处安放临时支托和支撑系统并保证其标高准确，允许误差 0～＋2mm。

（2）楼板吊装时要注意板号及其所在方位，埋件、甩筋、留洞不能摆错位置。

（3）楼板放于支撑系统上，力求各点均匀受力，并严格保证板与柱的 30mm 缝隙不得宽窄不匀、倾斜歪扭。最大允许误差不超过±3mm。

（4）浇灌板与柱、板与垫块、板与阳台、边梁与柱相互挤压部位的混凝土。该工序是安装关键。灌注时必须精心仔细，分三层浇捣。不得出现蜂窝气孔等情况。要严格把住质量检查关，避免预应力张拉时出问题。在浇灌缝隙混凝土的同时制作试块，按现场实际条件养护。试压数据作为混凝土强度的主要依据。

3. 预应力张拉及楼板施工

（1）当上述缝隙混凝土强度达到设计要求，即可沿柱网轴线穿预应力钢丝束，进行水平张拉工序和压折工序。

（2）楼层在直线张拉结束之前，施工活荷载不得超过 $40kg/m^2$，因此，非必要的施工人员、机具和材料等均不得上楼层。

（3）随后进行预应力钢丝束压折工序，要注意安全，防止意外事故。

（4）绑扎板缝内的箍筋、板面垫层中的钢筋、埋设相关埋件。对板缝浇灌 400 号细石混凝土。凡与预应力钢丝束接触部位的混凝土，要振捣密实，防止钢丝锈蚀。凡裸露的埋件均需进行防腐处理。

（5）对柱孔、板孔进行封闭，压力灌浆。水泥浆强度采用 400 号。用 500 号硅酸盐水泥配置。灌浆强度达到 300 号时拆除楼板支撑。

4. 现浇剪力墙施工

（1）现浇剪力墙钢筋绑扎要在预应力钢丝束压折前进行，位置要准确，墙与柱钢筋要搭接焊。

（2）剪力墙混凝土浇灌可于上层预应力钢丝束张拉后进行，即二层张拉后浇筑一层剪力墙，三层张拉后浇筑二层剪力墙等，依次类推。

（3）剪力墙侧模要保证足够刚度，防止混凝土振捣时外鼓，从下到上振捣密实。不得出现蜂窝麻面等情况。

（4）对剪力墙施工时，要注意墙上洞口处的插筋和加筋，位置、直径及数量不能有误。

5. 预应力施工的工艺要求

（1）对房屋结构构件施加预应力，使之拼装成整体结构非常关键，需要精心施工、保证质量、确保安全，以达到施工效果和设计图纸要求。

（2）钢丝束应有出厂证明或试验报告。钢丝进厂时要逐盘检查外观尺寸，有无伤痕、锈蚀。合乎要求之后每盘之头尾可取一段样品在拉力机上进行抗拉强度、延伸率、屈服点和反复弯曲次数试验，并测出弹性模量。

（3）钢丝下料后要理顺编号，之后穿入孔道。应采取措施，使钢绞线全长悬垂度不得超过 15mm，要求钢丝束中心线与孔洞中心线一致。要排除孔道中的障碍物，使钢丝束张拉时能自由张紧绷直，以确保其受力均匀准确。

（4）预应力锚具要严格按质量标准加工，工程进行之前进行抽样张拉试验，成功后方可在工程中使用。凡经过张拉使用的锚具、夹具不得再使用。

（5）在张拉预应力钢丝束的过程中，应对相关数据进行记录。

4.3.2　加固施工技术

1. 植筋加固技术

（1）种植钢筋用的胶粘剂，其填料必须在工厂制胶时添加，严禁在施工现场掺入。

（2）在承重结构用的胶粘剂中严禁使用乙二胺做改性环氧树脂固化剂；严禁掺加挥发性有害溶剂和非反应性稀释剂。

（3）承重结构植筋的锚固深度必须经设计计算确定；严禁直接按短期拉拔试验值或厂商技术手册的推荐值采用。

（4）构造要求植筋时，其最小锚固长度应满足以下要求：

受拉钢筋锚固：$L_{min} = max \{0.3L_s; 10d; 100mm\}$；

受压钢筋锚固：$L_{min} = max \{0.6L_s; 10d; 100mm\}$；

原结构混凝土强度 C23 时，取值可取 C20 和 C25 平均值，其他强度时，参考该方式处理，见表 4-6。

<table>
<tr><td colspan="5" align="center">植筋基本锚固长度 L_s</td><td align="right">表 4-6</td></tr>
<tr><td>混凝土强度等级</td><td>C20</td><td>C25</td><td>C30</td><td colspan="2">C40</td></tr>
<tr><td>植筋深度</td><td>32d</td><td>27d</td><td>20d</td><td colspan="2">18d</td></tr>
</table>

注：1. 当基材混凝土强度不大于 C30 时，8 度区尚应乘以 1.25；
　　2. 当为悬挑结构构件时，尚应乘以 1.5；
　　3. 当为非悬挑的重要结构构件接长时，尚应乘以 1.15；
　　4. 当采用快固型胶粘材料且混凝土强度大于 C30 时，尚应乘以 1.25；
　　5. 当采用耐湿型胶粘剂应根据产品说明调整，且乘以不小于 1.1 的系数。

（5）在原有结构构件上钻孔时，应事先探测确定原有钢筋的位置，以确定钻孔与原有结构钢筋不发生冲突。

（6）在墙、柱、梁、板上钻孔时，应采用电锤钻，彻底清空并保证孔壁干燥。为最大程度减小原有结构的损害，保证加固工程的质量，并且尽可能地减少对周围环境的影响，原结构拆除应使用无振动直线切割工艺，如墙锯或链锯切割工艺，不得使用风镐敲凿方法及水钻排孔工艺等。用于植筋的钢筋混凝土构件的最小厚度 $h_{min} \geqslant ld + 2D$（$D$ 为钻孔直径），见表 4-7。

植筋直径与对应的钻孔直径设计值（mm）　　　　　表 4-7

钢筋直径 d	钻孔直径设计值 D	钢筋直径 d	钻孔直径设计值 D
12	15	22	28
14	18	25	31
16	20	28	35
18	22	32	40
20	25		

（7）植筋时，其钢筋宜先焊后种植；若有困难而必须后焊，其焊点距基材混凝土表面应大于 $15d$，且应采用冰水浸渍的湿毛巾包裹植筋外露部分的根部。

（8）植筋时应由材料供应商的工程师到场指导或按产品说明操作。不应出现注胶不满、空鼓和气孔等影响工程质量的问题。

（9）每种结构胶、每种钢筋直径、每种基层应至少在现场进行 3 组静力拉拔破坏性试验，不得出现混凝土基材破坏和拔出破坏（包括沿胶筋界面破坏和胶混凝土界面破坏）。

（10）植入混凝土的钢筋应保证表面干净，应彻底除锈，并用丙酮擦拭。

（11）植筋加固时，在结构胶未完全固化前不得对植筋进行扰动。冬期施工时，宜优先采用非热固形结构胶。

（12）植筋间距不小于 $5d$，植筋边距不小于 $2.5d$。

（13）采用植筋等连接应定期检查其工作状态，确定检查的时间间隔，但第一次检查时间不应迟于 10 年。

（14）直径 12mm 及以下植筋抗拔承载力要求不得小于 5kN 每根，直径 12mm 以上植筋抗拔承载力要求不得小于 30kN 每根，见图 4-22。

图 4-22　加固施工过程

2. 粘钢加固技术要求

（1）A 级胶性能、湿热老化性能快速复检及抗冲击剥离能力的现场见证取样复检送至建设部建筑物鉴定与加固规范管理委员会检验。

（2）钢板封边采用封边胶时安全性能须满足 A 级胶要求，其余要求及见证取样复检同灌注粘结型改性环氧胶粘剂。钢板封边采用聚合物砂浆时，其构造应满足压力注胶相关要求，并满足相关规范要求。

（3）粘钢用钢板应符合如下要求：

1）所有钢板在涂漆前，应严格进行金属表面喷砂或抛丸的除锈处理，达到国家标准中的 $Sa_2 1/2$ 等级，用脱脂棉沾丙酮擦拭干净。

2）采用粘贴钢板对混凝土结构进行加固时，应采取措施卸除作用在结构上的活荷载。

3）已粘贴在混凝土构件表面上的钢板，其外表面应进行防腐蚀处理。防腐蚀材料可选用环氧富锌类底漆，面漆、中间漆根据底漆和防火涂料选择，并应对钢板及胶粘剂无害。

（4）对原混凝土表面：

1）对原混凝土构件表面，可用硬毛刷沾高效洗涤剂，刷除表面油垢后用冷水冲洗，再对粘贴面进行打磨，除去 2～3mm 厚表面。如混凝土表面不脏，可直接打磨除去 1～2mm 厚表面，用压缩空气除去粉尘或清水冲洗干净，待完全干燥后用脱脂棉沾丙酮擦拭干净。

2）对湿度较大的混凝土构件，尚须人工干燥处理。

（5）胶粘剂粘贴钢板加固混凝土结构时，其长期使用的环境温度不应高于 60℃，灌胶后严禁进行后续焊接。

（6）本工程被加固构件的表面有防火要求，按《建筑防火设计规范》GB 50016 规定。

（7）外粘型钢加固梁、柱时，应将原构件截面棱角打磨成半径≥7mm 的圆角。外粘型钢应在型钢构架焊接完成后进行。外粘型钢的胶缝厚度宜控制在 3～5mm；局部允许有长度不大于 300mm、厚度不大于 8mm 的胶缝，但不得出现在角钢端部 600mm 范围内。

（8）支撑：整个加固过程必须做好支撑防护工作。

（9）待加固工程完成后，在使用过程中应定期对粘钢加固质量进行检查，应及时进行检修、维护。

3. 对于后补混凝土的施工技术要求

（1）加固部位施工时，剔掉混凝土后，应将新旧混凝土接合面处彻底清洗干净，再均匀涂刷一层结构界面胶，然后用比旧混凝土高一级的无收缩混凝土浇筑新构件。

（2）后补混凝土施工时应将与旧混凝土的接合面完全凿毛再清洗干净，再均匀涂刷一层结构界面胶，然后用比旧混凝土高一级的无收缩混凝土浇筑。

（3）原结构构件保护层剔凿后，新钢筋与原钢筋焊接后，用细石混凝土将保护层重新补齐，后补混凝土及与原有构件的连接部位不应低于原有构件强度。

（4）新旧混凝土间涂刷的结构界面胶，采用改性环氧类界面胶。新旧混凝土界面胶满足 A 级胶要求，界面胶剪切粘结强度 3.5MPa，且为混凝土内聚破坏；新旧混凝土界面胶应可在水中固化，经过湿热老化检验合格，90d 湿热老化测试抗剪强度下降小于 10%，环保无毒测试通过。

（5）新旧混凝土间涂刷的结构界面胶，必须满足或通过建设部建筑物鉴定与加固规范管理委员会安全性统一检测，新混凝土施工必须在界面胶有效时间内。

4. 后锚固加固技术要求

（1）本工程结构构件所用锚栓应符合《混凝土结构加固设计规范》GB 50367、《混凝土结构后锚固技术规程》JGJ 145 中的相关要求。严禁采用膨胀型锚栓作承重构件的连接件。

（2）本工程加固用对穿螺杆均采用8.8级。

（3）锚栓的安装均采用预插式安装。

（4）锚栓的安装时应严格控制钻孔长度，锚栓漏出混凝土面的长度不应过长，避免给装饰装修造成困难。漏出过长时可在满足规范及厂家要求的前提下切除无用部分，并现场补漆。

5. 对于结构剔凿（切除、凿除）的技术要求

（1）加固改造应设置可靠的支撑系统，确保结构的安全。在加固改造的所有构件达到设计强度后方可拆除。

（2）应选择具有相应资质并具备与本工程结构类型、工程规模相当的改造工程经验的施工单位进行本工程结构剔凿工作。

（3）结构施工前，施工单位应制定详细的施工组织方案，在报经监理核准后，方可施工。

（4）结构的剔凿施工，不得损坏需保留部位的结构构件。

（5）结构剔凿，严禁采用大锤、风镐等对结构有重大影响的施工方法。在剔凿的交接面，应轻凿，避免结构因剔凿而产生内部裂缝，见图4-23。

（6）对原结构拆除应采用无损无振动直线切割工艺，如液压墙锯或链锯切割工艺，不得使用风镐敲凿方法及振动大的设备。

（7）剔凿前应先进行小规模的试凿，取得经验后再进行正式的剔凿工作。

（8）应采取有效措施，防止因对拆除的构件处理不当，对结构造成不利影响。

（9）拆除原则上按自上而下，先水平后竖向构件的原则进行。

（10）拆除作业前，应对整体进行测量，确定已建结构构件的定位及尺寸，如发现与图纸不符，应与设计单位协商解决。

图 4-23　拆除施工

6. 其他

（1）结构加固工程应由有加固资质的施工单位进行施工。

（2）加固施工时，应对原有结构进行必要的支撑维护，确保施工时的结构安全性。

（3）加固施工时，应严格按图纸所要求的施工顺序和技术论证结论施工。

（4）加固施工时，要全过程的对结构进行检查和观测，一旦发现异常，应立即报告。

（5）新增钢构件及粘钢处理方式，施工单位必须依据现场实际情况放样，绘制施

工详图。

（6）对原结构进行加固施工前，应采取卸荷的措施，加固部分原装修面层须铲除，不得覆盖施工另外增加结构重量。

（7）加固施工单位应根据现场情况和设计方提供的加固图纸制定合理的施工方法，并细化施工图纸。

4.3.3　阻尼器施工技术

1. 产品特点

本项目采用腋撑式耗能阻尼器，芯材采用 Q235B，材料伸长率大于 20% 并有明显的屈服台阶，应具有常温下 27J 冲击韧性功。腋撑式阻尼器外观为矩形，外观尺寸最大为 200mm×400mm，芯板厚度最大为 6mm，屈服承载力最大为 110kN。

腋撑式阻尼器部件应能表现出稳定的、可重复的滞回性能，要求依次在 1/300、1/200、1/100 支撑长度的拉伸和压缩往复各三次变形下，支撑有稳定饱满的滞回曲线。在 1/500 腋撑式阻尼器长度位移幅值下往复循环 30 圈后，腋撑式阻尼器的主要设计指标误差和衰减量不应超过 15%，且不应有明显的低周疲劳现象。

腋撑式阻尼器应保证具有良好的环境特性、耐气候、耐腐蚀。

2. 运输及保管

采用整车公路运输方式，腋撑式阻尼器在发运前派专人提前检查，包括阻尼器编号、阻尼器标识、装车规划、运输车辆需求、运输时间预测、与接收方的沟通等相关必要的工作。

每辆运输车辆配备正副驾驶员 2 人，发货主管 1 人，专门负责发货现场协调、捆扎牢度及安全问题，力求配合完善。

施工现场应设置临时库房存放腋撑式阻尼器及安装配件（例如高强度螺栓）等，建立保管领发制度，严防受潮锈蚀。

3. 安装及施工

腋撑式阻尼器运送至现场后，对现场施工人员进行技术、安全、质量的全面交底。阻尼器施工流程，见图 4-24。

腋撑式阻尼器安装前应对相关梁柱节点位置进行检查，检查内容包括：

（1）设计图纸中阻尼器的安装位置，本工程中阻尼器中心线与梁、柱中心线重合；

（2）阻尼器芯板与柱端、梁端节点板的焊接位置，应先进行放线，以避开节点板锚栓位置；

（3）阻尼器与柱端夹角可根据现场实际情况微调，但不得超过 ±5°，对同一柱头位置，夹角宜保持一致。阻尼器安装位置示意图见图 4-25。

垂直运输是指将腋撑式阻尼器垂直提升，运送至相应楼层处；垂直运输设备可采用施工现场的垂直运输设备。水平运输是指将腋撑式阻尼器水平搬移、摆放至安装位置；水平运输设备可采用人工搬运或推车等。

阻尼器安装时应注意消除误差：

（1）阻尼器吊装前，应对柱头及梁端节点板之间的距离进行二次校核。若存在误差，

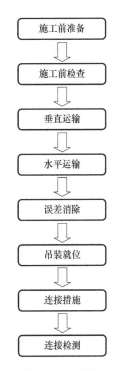

图 4-24　阻尼器施工流程图

应立即采取措施进行消除，避免吊装不能就位，产生重复工作、窝工等；

（2）对于焊接连接型腋撑式阻尼器，可通过切割节点板消除正误差，通过调整阻尼器安装角度、补焊缝等方式消除负误差；

（3）负误差较大时，则应重新安装节点板，保证腋撑式阻尼器安装长度及角度。

本项目采用的阻尼器重量较轻，吊装就位可按下列要求：

（1）吊装就位是指将腋撑式阻尼器摆放到位后进行牵拉吊装与节点板连接就位；

（2）腋撑式阻尼器吊装可采用葫芦捯链进行吊装；

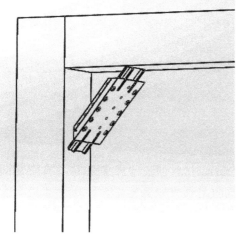

图 4-25　阻尼器安装位置示意图

（3）提升过程中应安排专业人员进行指挥，做好安全措施。

腋撑式阻尼器与框架采用焊接连接，即与梁端、柱端节点板连接，包括临时固定和最终固定。

腋撑式阻尼器牵拉到位后，采用措施进行临时固定。临时固定通常是先将阻尼器下端（柱端）临时固定，吊装葫芦不能撤出。柱端临时固定后，再通过牵拉阻尼器上端（梁端）进行梁端就位并临时固定，临时固定采用点焊固定。

临时固定后，应再对阻尼器两端进行校正，校正后焊接固定。先焊接柱端节点，柱端节点焊接完毕后，焊接梁端节点。阻尼器安装完成后示意图见图 4-26。

图 4-26　阻尼器安装完成后示意图

阻尼器芯板与梁端、柱端节点板应采用双面角焊缝进行焊接，焊缝等级为二级。焊接完成后，应按国家相关规范、规程中要求，对连接焊缝进行表观检查、探伤检测等。阻尼器安装及完成后照片见图 4-27。

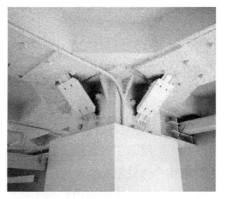

图 4-27　阻尼器安装及完成后照片

4.3.4　重难点分析及保证措施

本项目重难点分析及保证措施见表4-8。

重难点分析及保证措施　　　　　　　　　　　　表 4-8

序号	重难点	分析	保证措施
1	原结构图纸不全，或图纸与实际不符	本项目为改造项目，因年代比较久远，图纸不全，而且后期因多次局部改造，造成实际布置与图纸不一致，给加固设计和施工造成较大困难	(1) 通过调研，联系建设单位、原设计单位、原施工单位，收集项目相关原始资料，了解使用过程中的变动情况等。 (2) 通过现场踏勘，了解项目的实际情况。 (3) 通过检测单位对现状结构进行检测，采用技术手段探明钢筋布置及规格等
2	对加固改造项目尽量避免地基基础加固	本项目两层地下室，若对基础进行加固，难度非常大	(1) 尽量避免上部荷载的增加，采用轻质隔墙。因改造后基本为大开间办公，荷载基本没有增加。 (2) 对场地进行补充勘察，确保地基承载力满足要求
3	避免对原结构造成过大损伤	对加固改造项目，需要对原结构进行剔凿、钻孔、拆除等，对原结构会造成损伤和削弱	(1) 尽量减小对结构构件的加固范围。 (2) 加固施工必须由具有相应资质和类似项目经验的施工单位完成。 (3) 严格控制施工工序、施工工艺和施工质量
4	耗能支撑的安装	(1) 耗能支撑一般由专业厂家完成，涉及多家单位的协调配合问题。 (2) 耗能支撑安装精度保证	(1) 由总包方负责协调各方的施工工序，并需设计单位同意。 (2) 对耗能支撑采取预安装，经各方同意认可后进行正式安装

第 5 章　昆明团山欣城幼儿园试点工程

5.1　项目简介

5.1.1　基本信息

(1) 项目名称：黑林铺片区国有工矿棚户区改造项目团山欣城幼儿园试点工程；

(2) 项目地点：昆明市五华区黑林铺前街 59 号；

(3) 建设单位：昆明钢铁集团有限责任公司；

(4) 设计单位：同济大学建筑设计研究院（集团）有限公司；

(5) 施工单位：云南昆钢机械设备制造建安工程有限公司；

(6) 摩擦滑移摆支座生产单位：武汉海润工程设备有限公司；

(7) 进展情况：主体完成，尚未验收。

5.1.2　项目概况

本工程位于昆明市五华区黑林铺片区。建筑抗震设防烈度 8 度，设计基本地震加速度峰值为 0.2g，设计地震分组第三组，Ⅱ类场地，场地特征周期 0.45s。该建筑建为三层钢架结构，地下 1 层（隔震层），地上 3 层，该工程等效宽度 25.7m，建筑高度 18.7m，建筑面积 3663.33m²，高宽比为 0.73，属于重点设防类。地基基础设计等级为乙级，建筑结构安全等级为二级，结构设计使用年限为 50 年。

本项目采用钢框架结构，楼盖采用钢筋混凝土现浇楼盖，根据云南省建设工程抗震设防管理的有关要求，本工程采用了摩擦滑移摆隔震技术，基础采用防水板＋独立基础。建筑效果图见图 5-1，鸟瞰图见图 5-2，结构三维模型图见图 5-3。

图 5-1　建筑效果图

图 5-2　鸟瞰图

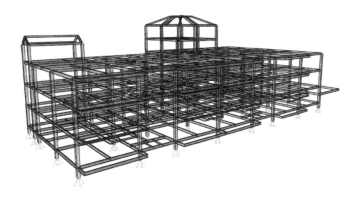

图 5-3 结构三维模型图

5.1.3 隔震技术应用情况

本工程采用摩擦滑移摆隔震技术,在设防烈度地震下,上部结构仍处于弹性,满足中震弹性的性能目标,在预估的罕遇地震下,上部结构基本处于弹性,满足大震不倒的性能目标。采用摩擦滑移摆隔震技术使结构的抗震性能得到明显提高,增加了结构的安全储备。

通过前期对国外摩擦滑移摆隔震技术及工程应用的梳理研究以及在昆明理工大学抗震所完成的摩擦滑移摆隔震足尺模型振动台试验,印证了摩擦滑移摆在小震作用下基本不隔震,在中震和大震作用下表现出良好的隔震性能,试验中发现罕遇地震下摩擦摆的水平位移量远小于摩擦滑移摆水平单侧允许最大滑移位移,支座具有较高的滑移安全储备。

本工程用到的摩擦滑移摆隔震支座的数量较多,使用部位为室外地平以下 1.2m 的位置设摩擦摆隔震支座。摩擦摆隔震支座在本工程的构造由三部分组成:下支墩、摩擦滑移摆隔震支座、上支墩。摩擦滑移摆隔震支座通过预埋板用高强度螺栓等连接件与上下支墩相连。摩擦滑移摆隔震支座的主要型号有:FRB28-600、FRB35-700。摩擦滑移摆隔震支座布置见图 5-4。

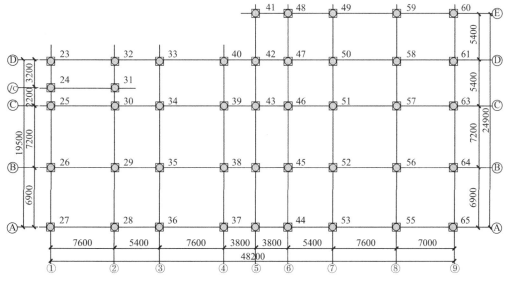

图 5-4 隔震支座编号及布置图

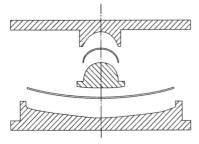

图 5-5 摩擦摆隔震支座示意图

摩擦滑移摆隔震支座及连接件由专业厂家配套提供，摩擦滑移摆隔震支座设置于上支墩底，下支墩顶。下支墩生根于基础，在下支墩顶面预埋带有预埋锚筋和预埋螺栓套筒的下预埋板，摩擦滑移摆隔震支座通过高强度螺栓和下预埋板连接；上支墩的预埋螺栓套筒通过高强度螺栓直接与摩擦滑移摆隔震支座的上连接板固定。摩擦摆隔震支座示意图见图 5-5。

本工程隔震支墩混凝土为 C40，支墩纵筋采用 HRB400，标准螺栓为 8.8 级承压型高强度螺栓。外露部分钢构件涂防锈漆，上罩涂锌白漆两遍。隔震建筑与相邻建筑物或构筑物之间应留有不小于 300mm 的间距。

5.2 设计关键技术

5.2.1 结构布置原则和计算要点

1. 布置原则

（1）体系具有抗连续倒塌倾覆能力，可避免因部分结构或构件的破坏而导致整个结构丧失承受重力荷载、风荷载和地震作用的能力；在满足建筑功能要求的前提下，按照安全可靠、受力明确及经济合理原则，并特别注重结构设计的经济性的设计原则，进行结构设计。

（2）采用基础隔震体系，上部结构与下部结构分开，楼梯管道等设施采用软连接，上部结构四周设置隔震沟等措施。

2. 计算要点

（1）向荷载、风荷载以及多遇地震作用下，结构建筑的内力和变形采用弹性方法计算；设防地震及罕遇地震作用下，结构建筑的弹塑性变形采用弹塑性时程分析方法计算。

（2）分析计算及摩擦滑移摆隔震足尺模型振动台试验结果，摩擦滑移摆在小震作用下基本不隔震。故上部结构在多遇地震作用下设计按常规结构设计，即地震影响系数最大值取 0.176（考虑不利地形放大 1.1 倍）。

（3）PKPM 进行多遇地震下的弹性分析，采用 SAP2000 进行多遇地震下的弹性分析、设防地震下的弹性分析和弹塑性分析、罕遇地震下的弹塑性分析、超罕遇地震下的弹塑性分析、摩擦滑移结构抗风验算和摩擦摆隔震支座抗倾覆验算。

5.2.2 隔震层以上结构设计

1. 荷载

（1）永久荷载：

钢筋混凝土构件重力密度取值 26kN/m³。钢构件重力密度取值 78.5kN/m³。填充墙加气混凝土砌块重度不大于 6kN/m³。

（2）可变荷载：

寝室、活动室、办公室、配餐间、更衣间：2.0kN/m²；

走廊、盥洗室、卫生间、浴室、配电间：2.5kN/m²；

楼梯：3.5kN/m²；

图书室、器材室：5.0kN/m²；

音乐活动室、娱乐室：3.0kN/m²；

强电间、弱电间：10.0kN/m²；

上人屋面：2.0kN/m²；

不上人屋面：0.5kN/m²；

其余未注明荷载均按实际情况或有关规范取值。

（3）风荷载、雪荷载：

根据《建筑结构荷载规范》GB 50009—2012，计算取昆明市的 50 年一遇的基本风压为 0.30kN/m²；取 50 年一遇的基本雪压为 0.30kN/m²。

2. 结构选型

本项目单体采用摩擦滑移摆隔震设计，上部结构类型为钢框架结构，地下一层为隔震层，层高为 2.45m。

3. 材料

混凝土强度等级：基础采用 C30 级；板采用 C30 级。

钢筋：采用 HRB400（$f_y = 360N/mm^2$），HRB335（$f_y = 300N/mm^2$）和 HPB300（$f_y = 270N/mm^2$）。

钢材：采用 Q345-B 级。

墙体：填充墙采用加气混凝土砌块或其他轻质隔墙材料，以减轻结构自重，减小梁、墙、基础构件截面尺寸。

4. 主要结构尺寸

结构主要构件尺寸见表 5-1。

主要构件尺寸表　　　　　　　　　　　　　　　表 5-1

构件类别	典型构件尺寸（mm）
柱	H350×350×12×12，H350×350×20×20
	H500×500×28×28，H550×550×36×36
梁	H500×200×10×20，H500×180×10×12，H400×180×8×12 H400×180×8×14，H400×150×6×8，H400×150×8×10 H300×150×6×8
楼板	隔震层顶板：160mm 普通楼板：100mm、120mm

5. 地基基础设计

（1）总体情况

本工程±0.000 相当于绝对标高 1902.450m，室外地面相对标高为 −0.150m，隔震层顶板标高±0.000，隔震层层高 2.450m（−2.450～＋0.000）。勘察期间场地内钻孔深度范围内未测得地下水位，故本工程可以不考虑抗浮。

（2）地基基础设计

根据本工程地基的情况及上部结构特点，基础采用独立基础＋防水板，以③层全风化粉砂质泥岩及④-1 层强风化粉砂质泥岩为持力层，地基承载力特征值 $f_{ak} = 200kPa$。

（3）隔震层

隔震层钢筋混凝土框架（隔震支墩）加剪力墙结构。框架柱（隔震支墩）为1600mm×1600mm；墙厚：250～300mm；隔震层顶板160mm；防水板厚度为250mm。

6. 计算分析的主要参数取值（表5-2）

多遇地震计算分析的主要参数取值   表5-2

建筑抗震设防类别	乙类（重点设防类）
建筑结构安全等级	一级
结构重要性系数	1.1
抗震设防烈度	8度0.20g 第三组
场地类别	Ⅱ类
场地特征周期	0.45s
钢框架抗震等级	二级
结构阻尼比	4%
结构设计使用年限	50年
地基基础设计等级	乙级
隔震后地震影响系数最大值	0.176（不降低，考虑不利地形放大1.1倍）
周期折减系数	0.85
活荷载不利分布	考虑
双向地震耦联	考虑
竖向地震作用	考虑
施工模拟加载	施工模拟3

5.2.3　摩擦摆支座设计

由于摩擦滑移摆隔震支座在国内没有相关的技术规范，对于要在实际工程中使用该隔震支座，应属于新技术运用的范畴。根据中华人民共和国国务院令第662号《建设工程勘察设计管理条例》第二十九条"建设工程勘察、设计文件中规定采用的新技术、新材料，可能影响建设工程质量和安全，又没有国家技术标准的，应当由国家认可的检测机构进行试验、论证，出具检测报告，并经国务院有关部门或者省、自治区、直辖市人民政府有关部门组织的建设工程技术专家委员会审定后，方可使用"。因此，课题组针对第三代摩擦摆支座，根据在SAP2000有限元软件中做摩擦摆隔震分析定义摩擦摆隔震单元时，需要输入的参数，包括支座的竖向刚度、水平等效刚度、屈服前刚度、曲率半径、快摩擦系数、慢摩擦系数及速度相关性系数，并且在经过大量的规范搜集与整理之后，给出了建筑摩擦滑移摆隔震支座的检测方法以及试验方案，最终得到了该支座的性能参数。第三代摩擦摆隔震支座见图5-6。

由图5-6可知，支座的滑块与滑动面之间的耐磨板使用的是MTF材料，而上支座板与滑块之间（转动面）的耐磨材料是PTFE材料，根据课题组的研究，MTF材料的物理性能各方面都优于PTFE材料，又由于支座耗能最重要的部分是摩擦材料与滑动面之间的摩擦，因此滑块与滑动面之间采

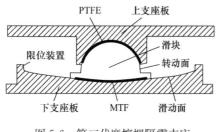

图5-6　第三代摩擦摆隔震支座

用的材料是 MTF 材料；PTFE 耐磨板与 MTF 耐磨板都分别安装在上支座板与滑块上的
安装槽里，且两种耐磨板各凸出 3mm，要求支座在运动过程中的竖向压缩位移小于 3mm，
使支座的滑动面与转动面始终只与耐磨板接触。支座的组成材料见表 5-3。

支座的组成材料　　　　　　　　　　　　　　　表 5-3

部件	材料
上支座板	Q345B
上耐磨板	PTFE
滑块	Q345B
下耐磨板	MTF
下支座板	Q345B

该隔震支座的型号是 FPB28-600，其设计参数见表 5-4。

摩擦摆支座设计参数　　　　　　　　　　　　表 5-4

支座设计参数	数值	单位
摩擦摆等效 T_s	2.1	s
摩擦摆曲率半径 R	1000	mm
非地震设计承载力 N_{sd}	530	kN
设计位移 D	± 160	mm
支座峰值速度 V_m	450	mm/s

课题组根据美国国家公路与运输协会标准《AASHTO-1999 隔震设计指导性规范》、
康斯坦丁努的著作《Performance of Seismic Isolation Hardware under Service and Seismic
Loading》（《地震隔离装置在正常使用和地震荷载下的性能》）、我国国家标准《橡胶支座
第 1 部分：隔震橡胶支座试验方法》GB/T 20688.1—2007 以及 EN 15129（欧洲规范）中
的相关内容制定了试验方案，总共 3 个试验的试验方案，包括竖向刚度试验方案、高速压
剪试验方案、平板摩擦试验方案，并且在武汉某检测公司的大型检测设备下，最终得到了
该隔震支座的性能参数见表 5-5。

摩擦滑移摆支座的性能参数　　　　　　　　　　表 5-5

性能参数	数值
支座型号	FPB28-600
等效水平刚度	1.006kN/mm
竖向刚度	934.3kN/mm
慢摩擦系数	0.03936
快摩擦系数	0.05571
速度相关性系数	23.42s/m
屈服前系数	24.4kN/mm

表 5-5 所示的支座的等效水平刚度主要用于模态分析，获得隔震结构的自振周期；支
座的竖向刚度主要用在计算支座的竖向变形量；支座的慢摩擦系数、快摩擦系数、速度相
关性系数用来定义支座在滑动过程中的摩擦系数，其影响支座的耗能能力；支座的屈服前
刚度影响支座的滞回耗能。

摩擦摆试验：

（1）竖向刚度试验：

1）试验目的

通过竖向刚度试验获取支座的竖向刚度值，作为计算分析用指标依据，以便在 SAP2000 模态分析及非线性分析中运用。

2）参考文件

① 欧洲标准 EN 15129—2009 隔震装置；

② 美国标准 AASHTO-1999；

③《橡胶支座 第1部分：隔震橡胶支座试验方法》GB/T 20688.1。

图 5-7　75000kN 多功能试验机

3）试验设备

本次检测在 75000kN 多功能试验机（见图 5-7）上进行，该试验机能同时在竖直方向及水平轴向进行动态控制。竖向载荷的力由 6 个 12500kN 的油缸所提供，水平方向的力则由 4 个 1500kN 的油缸所提供，每个水平油缸的行程为 1200mm，并由 2 个伺服阀控制，竖向刚度试验参考规范及试验机性能参数见表 5-6。

竖向刚度试验参考规范及试验机性能参数　　　　　　　　　　　　　　表 5-6

参考规范	AASHTO-1999（美国规范）	16.4.1 条规定了支座面压要求
	GB/T 20688.1	6.3.1.3 条规定了支座竖向刚度测试方法
试验机性能参数	竖向荷载	50000kN
	竖向行程	120mm
	试验力测量范围	200～50000kN
	试验力测量精度	满足每挡试验示值的±1%
	作动器空载最大位移速度	0～50mm/min
	位移测量精度	±1%FS
	试验最大空间	3500mm
	等速试验力控制范围	0.5～25kN/s（控制精度1%）
	等速位移控制范围	0.5～30mm/min

试验机的主要框架由预应力混凝土结构组成，该结构有利于在载荷下减小设备变形量。该系统的动力由持续供应 410L/min 流量油的泵站所提供，为完成高速试验所需要的峰值速度，通过总共储存有 16800L 的油及氮气的蓄能器所提供。所有的系统均采用实时控制软件 RT3 控制。

4）试验试件

本次试验采用的摩擦摆支座尺寸为 600mm×600mm×165mm。分上支座板、滑块及下支座板。在上支座板的中间，设置了一个转动球面，球面直径是 120mm。滑块由转动面及滑动面组成，转动面同上支座板，球面直径 120mm，滑块下球面加工出一个耐磨板安装槽，直径 φ140mm，深 5mm。耐磨板使用 MTF 材料，直径 φ140mm，厚度 8mm，装配时安装在滑块耐磨板槽内。下支座板滑动面投影直径 500mm，曲率半径 1000mm。支座图片见图 5-8。

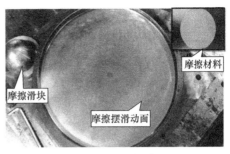

图 5-8　试验试件

5）试验方案

由于本次试验机主要做桥梁方面的支座检测，因此竖向荷载过大，其试验精度按其给出的 1% 来看，就已达到 500kN，而本次检测主要针对建筑工程中使用的摩擦摆隔震支座，因此，竖向荷载根据美标《AASHTO 隔震设计指导性规范》规定，曲面滑移支座按正常使用状态下最大允许面压 34MPa 进行试验，所使用到的竖向力是 530kN，这与试验机的试验精度较为接近，为提高试验数据的准确性，本次检测采用三个支座组成的支座群进行检测。这种支座群的检测手段，在美国标准《AASHTO 隔震设计指导性规范》中也有相关规定，支座可以成对进行试验，试验压力为各个支座竖向压力之和。根据试验台大小（2.4m×2.4m）将支座群均匀布置，使支座群的刚度中心与试验台的中心重合，保证受力均匀，支座的布置方式见图 5-9。

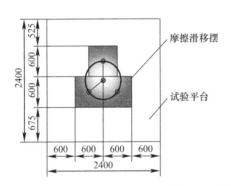

图 5-9　摩擦摆布置图

6）加载方案

本次采用 3 个摩擦摆组成的支座群进行试验，根据美国标准《AASHTO 隔震设计指导性规范》16.4.1 确定摩擦摆试验面压为 34MPa。

$$P = A \cdot \sigma（压应力允许偏差为 5\%）$$

再由《橡胶支座 第 1 部分：隔震橡胶支座试验方法》GB/T 20688.1—2007 确定试验的加载制度，在 6.3.1.3 中给出了两种竖向刚度的试验方法，本次试验采用第二种试验方法：

按 $0\text{-}P_0\text{-}P_2\text{-}P_0\text{-}P_1$（第一次加载），$P_1\text{-}P_0\text{-}P_2\text{-}P_0\text{-}P_1$（第二次加载），$P_1\text{-}P_0\text{-}P_2\text{-}P_0\text{-}P_1$（第三次加载）$P_2$ 为 $1.3P_0$，P_1 为 $0.7P_0$，P_0 为设计压力。

按上述规范要求，先通过竖向力控制系统让作动头施加竖向荷载给支座群，大小为 2066kN，再减小作动头荷载，压力值降低到 1113kN，反复以上加载三次，即完成竖向刚度试验。加载制度见图 5-10。

7）试验结果分析

通过上述加载方式进行竖向刚度试验，获得竖向力-竖向位移曲线（图 5-11），该曲线是支座竖向力与竖向位移之间的变化关系。

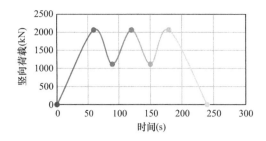

图 5-10 加载曲线

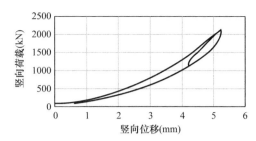

图 5-11 竖向力与竖向位移曲线

从曲线中获得计算竖向压缩刚度所需数据，竖向压缩刚度计算如下：

竖向压缩刚度 K_V 按式（5-1）计算：

$$K_V = \frac{P_2 - P_1}{Y_2 - Y_1} \tag{5-1}$$

式中　P_1——三次循环的最小的压力；

　　　P_2——三次循环的最大的压力；

　　　Y_1——三次循环的最小的位移；

　　　Y_2——三次循环的最大的位移。

从试验曲线中获得计算竖向压缩刚度所需数据见表 5-7。

压缩刚度试验数据　　表 5-7

竖向载荷	2066kN	1113kN
竖向位移	5.20mm	4.18mm
竖向压缩刚度	934.30kN/mm	

（2）高速压剪试验

1）试验目的

通过高速压剪试验获取 SAP2000 模态分析中所需的等效刚度，屈服前刚度，屈服后刚度，等效阻尼比。

2）参考文件

① 欧洲标准 EN 15129—2009 隔震装置；

② 美国标准 AASHTO-1999。

3）试验设备

高速压剪试验采用的试验设备和竖向刚度试验相同，依然是 75000kN 多功能试验机，但是试验内容有所变化，所以对试验机的要求也有所变化，压剪试验不仅要求试验机满足竖向加载能力，还要求试验机有一定的水平加载能力，满足两方向同时施加荷载的要求。表 5-8 给出的是该试验机的水平加载能力。

高速压剪试验参考规范及试验机性能参数　　表 5-8

参考规范标准	EN 15129（欧洲规范）	8.3.4.1.5 条规定了加载制度及摩擦系数算法
	AASHTO-1999（美国规范）	16.4.1 条规定了支座面压要求
试验机性能参数（HILAB）	竖向荷载（动载）	50000kN
	水平荷载（动载）	6000kN
	竖向行程	120mm
	水平行程	±600mm
	水平速度（最大）	1000mm/s

4）加载方案

本次采用 3 个摩擦摆组成的支座群进行试验，根据试验台大小（2.4m×2.4m）参考欧洲规范（EN 15129）中 8.3.4.1.5 节中对于支座性能测试中的相关规定，竖向荷载大小为支座的非地震设计荷载 N_{sd}，试验支座的非地震设计荷载为 $N_{sd}=530$kN。试验的加载位移需做到支座的设计位移，此次试验支座的设计位移为 $D_d=150$mm。试验的峰值速度为支座的设计速度，而此次试验的支座的设计速度为 $V_{ed}=200$mm/s，在支座的设计速度下，需进行三个动态的加载，动态一是 $0.25D_d$，动态二是 $0.5D_d$，动态三是 $1.0D_d$，并且欧洲标准 EN 15129 中也规定了速度与位移之间的关系公式：$V_0=2\pi f_0 D_d$，其中频率 f_0 应根据峰值速度与峰值位移适当选择。加载的波形为正弦曲线，形式为：$D(t)=D_x\sin(2\pi f_0 t)$。

在进行压剪试验前，竖向施加 1589kN 轴向力从而使得每个滑块的面压达到 34MPa（最大不超过 60MPa）。水平向作动头通过位移控制，水平往复位移依次为 0.25 倍设计位移（37.5mm），0.5 倍设计位移（75mm）以及 1.0 倍设计位移（150mm），加载曲线参数见表 5-9。

高速压剪试验加载制度　　　　表 5-9

试验样品 试验类型		摩擦摆支座 高速压剪性能试验							
试验编号	试验工况	主自由度	竖向荷载 （kN）	振幅 （mm）	最大速度 （mm/s）	频率 （Hz）	荷载 曲线	周期	频率 样本
1	高速剪切试验速度	Hor	1589	37.5	200.0	0.849	Sine	3	400
		Hor	1589	75.0	200.0	0.424	Sine	3	200
		Hor	1589	150.0	200.0	0.212	Sine	3	100

根据加载制度获得加载曲线，见图 5-12～图 5-14。

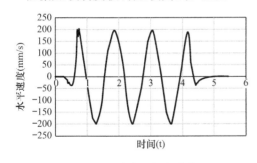

图 5-12　动态 3 加载曲线

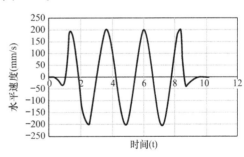

图 5-13　动态 2 加载曲线

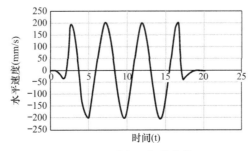

图 5-14　动态 1 加载曲线

5）试验结果分析

通过上述加载方式进行高速压剪试验，获得支座三个动态的滞回曲线，曲线见图 5-15～图 5-17。

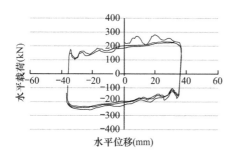

图 5-15　动态 1 滞回曲线　　　　图 5-16　动态 2 滞回曲线

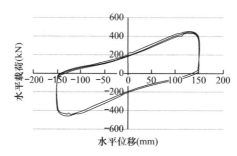

图 5-17　动态 3 滞回曲线

从滞回曲线中获得的试验结果见表 5-10。

滞回曲线所得试验结果　　　　　　　　　　　　　　　表 5-10

类型	V_{max} (mm/s)	D_{max} (mm)	D_{min} (mm)	N_{max} (kN)	N_{min} (kN)	F_{max} (kN)	F_{min} (kN)	μ (%)	EDC (kN)	K_p (kN/mm)	K_d (kN/mm)	K_{eff} (kN/mm)	h_{eq}
	200	36.9	−36.8	1627.3	1435.3	310.1	−255.8	11.24	26.8	69.79	1.49	6.28	0.55
速度	200	75.5	−75.6	1760.7	1346.3	307.9	−315.8	12.01	57.2	78.66	1.89	4.09	0.46
	200	149.6	−149.9	2013.9	1169.9	454.9	−454.2	13.17	125.6	73.20	1.71	3.02	0.34

以上所有数据，包括摩擦系数 μ、能耗 EDC、初始刚度 K_p、屈后刚度 K_d、等效刚度 K_{eff}、等效阻尼比 h_{eq} 均为 3 个摩擦摆组成的摩擦系统的测量值。

表 5-10 给出的摩擦系数为滑动时的平均摩擦系数，算法根据欧标 EN 15129 第 8.3.4.1.5 条规定，取三个循环的平均动摩擦系数。计算公式如下：

$$\mu_{dyn,3} = \frac{1}{3} \times \sum_{i=1}^{3} \frac{EDC_{h,j}}{4 \times N_s \times D_x} \tag{5-2}$$

式中　$EDC_{h,i}$——第 i 个循环中滞回曲线封闭区域的面积；

　　　　N_s——隔震器试验时的垂直轴向荷载；

　　　　D_x——试验时达到的位移。

上表给出的是三个摩擦摆组成的摩擦系统的测量值，若要将检测参数用到单个支座还需进行相关处理，根据《建筑抗震设计规范》GB 50011—2010 第 12.2.4 条的规定，隔震层的水平等效刚度和等效阻尼比可按下列公式计算：

$$K_{\mathrm{h}} = \sum K_j \tag{5-3}$$
$$\xi_{\mathrm{eq}} = \sum K_j \xi_j / K_{\mathrm{h}} \tag{5-4}$$

式中 ξ_{eq}——隔震层等效黏滞阻尼比；

K_{h}——隔震层等效水平刚度；

ξ_j——j 隔震支座的等效黏滞阻尼比；

K_j——j 隔震支座的等效水平刚度。

由上式可知支座群的等效刚度是隔震层所有隔震支座之和，因此试验获得的三个隔震支座在设计速度及设计位移下的等效水平刚度的均值为 1.007kN/mm。同理三个支座的平均屈服前刚度为 24.4kN/mm，平均屈服后刚度为 0.57kN/mm。等效阻尼比为 0.113。

（3）平板摩擦试验

1）试验目的

通过测试 MTF 板与不锈钢板在不同滑移速度下的摩擦系数得到 MTF 板与不锈钢板接触面的慢摩擦系数、快摩擦系数和速度相关系数，为时程分析提供数据支持。

2）参考文件

① 著作《Performance of Seismic Isolation Hardware under Service and Seismic Loading》；（《地震隔离装置在正常使用和地震荷载下的性能》）

② 美国标准 AASHTO-1999。

3）试验设备

试机采用的是意大利进口的摩擦材料试验机 SMTM，此试验机能承担多种耐磨材料的测试任务。竖向荷载最大为 500kN，水平荷载最大为 100kN，竖向和水平的最大位移为 100mm，试验机所能承受的最大频率为 8Hz，该试验机能模拟不同温度下材料的摩擦性能，温度变化范围为 $-45\sim35℃$（见表 5-11）。

摩擦材料试验机性能参数及参考的规范　　　　　　　　　　表 5-11

	AASHTO-1999（美国规范）	16.4.1 条规定了支座面压要求
参考规范	《Performance of Seismic Isolation Hardware under Service and Seismic Loading》（《地震隔离装置在正常使用和地震荷载下的性能》）	确定了 PTFE 与抛光不锈钢之间摩擦特性的测试方法
试验机性能参数（HILAB）	竖向荷载	500kN
	水平荷载	100kN
	竖向位移	100mm
	水平位移	100mm

4）试验试件

试验采用耐磨板 MTF 及不锈钢板，为满足试验机工装要求，试件尺寸见表 5-12。

试件尺寸　　　　　　　　　　表 5-12

编号	材料	尺寸	数量
SJ-1	MTF	直径：100mm，厚度：8mm	8
SJ-2	不锈钢板	直径：100mm，厚度：3mm	8

试验试件见图 5-18。

图 5-18　滑动材料 MTF 和不锈钢板

5）试验方案

本次加载通过位移控制水平加载形式，欧洲规范 EN 15129、EN 1337-2 和国家标准 GB/T 17955—2009 中详细介绍了滑动过程中的摩擦试验，但由于欧洲规范 EN 15129、EN 1337-2 和国家标准 GB/T 17955—2009 中规定的为静摩擦系数；恒定滑移速度下的摩擦系数；长距离滑动下的摩擦系数；并未涉及在不同滑动速度下的摩擦特性，此处参考 Constantinou 教授早期的研究成果。由美国标准 AASHTO-1999 确定 MTF 板面压为 34MPa，施加的竖向力为 266.9kN。此次试验分八组进行加载，每做一组试验需更换试件，加载制度曲线见表 5-13。

平板摩擦试验加载制度　　　　　　　　　　　　　　　表 5-13

组别	加载时间	加载函数	加载频率	峰值速度	峰值位移
	3061.5	$y(t)=15\cos(0.00667t)$	0.00106	0.1mm/s	15mm
第一组	加载曲线	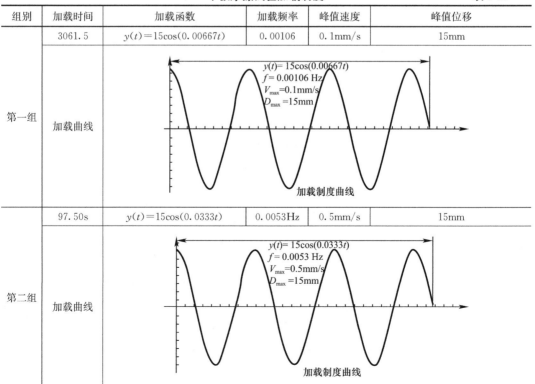			
	97.50s	$y(t)=15\cos(0.0333t)$	0.0053Hz	0.5mm/s	15mm
第二组	加载曲线				

组别	加载时间	加载函数	加载频率	峰值速度	峰值位移
第三组	48.75s	$y(t)=15\cos(0.0667t)$	0.0106Hz	1.0mm/s	15mm
	加载曲线	$y(t)=15\cos(0.0667t)$ $f=0.0106\,\mathrm{Hz}$ $V_{max}=1.0\mathrm{mm/s}$ $D_{max}=15\mathrm{mm}$ 加载制度曲线			
第四组	32.50s	$y(t)=15\cos(0.03333t)$	0.0530Hz	5mm/s	15mm
	加载曲线	$y(t)=15\cos(0.1000t)$ $f=0.0159\,\mathrm{Hz}$ $V_{max}=1.5\mathrm{mm/s}$ $D_{max}=15\mathrm{mm}$ 加载制度曲线			
第五组	2.44s	$y(t)=15\cos(1.333t)$	0.2123Hz	20mm/s	15mm
	加载曲线	$y(t)=15\cos(1.3333t)$ $f=0.2123\,\mathrm{Hz}$ $V_{max}=20\mathrm{mm/s}$ $D_{max}=15\mathrm{mm}$ 加载制度曲线			
第六组	0.98s	$y(t)=15\cos(3.333t)$	0.5308Hz	50mm/s	15mm
	加载曲线	$y(t)=15\cos(3.3333t)$ $f=0.5308\,\mathrm{Hz}$ $V_{max}=50\mathrm{mm/s}$ $D_{max}=15\mathrm{mm}$ 加载制度曲线			

组别	加载时间	加载函数	加载频率	峰值速度	峰值位移
	0.61s	$y(t)=15\cos(5.333t)$	0.8493Hz	80mm/s	15mm
第七组	加载曲线	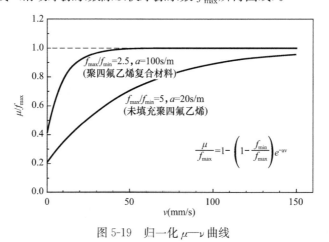			
	0.44s	$y(t)=15\cos(7.333t)$	1.1677Hz	110mm/s	15mm
第八组	加载曲线				

6）试验结果分析

通过以上 8 组数据拟合出摩擦系数与滑动速度之间的关系曲线，图 5-19 为 Constantinou 教授在《Performance of Seismic Isolation Hardware under Service and Seismic Loading》中给出的归一化 μ—ν 曲线（滑动摩擦系数除以快摩擦系数 f_{max} 所得曲线）。

图 5-19　归一化 μ—ν 曲线

其中，慢摩擦系数 f_{min} 取八组试验所获得的摩擦系数的最小值；快摩擦系数 f_{max} 取八组试验所获得的摩擦系数的最大值；速度相关系数为根据试验曲线拟合出的公式（5-5）的指数 a 值。

$$\frac{\mu}{f_{max}} = 1 - \left(1 - \frac{f_{min}}{f_{max}}\right)e^{-av} \tag{5-5}$$

式中　μ——滑动摩擦系数；

$f_{\max}$——快摩擦系数，滑动过程中摩擦系数的最大值，此值确定该种材料在滑动过程中摩擦系数的上限；

$f_{\min}$——慢摩擦系数，滑动过程中摩擦系数的最小值，此值确定该种材料在滑动过程中摩擦系数的下限；

a——速度相关系数，根据速度与摩擦系数关系曲线拟合获得，此值描述了该材料在滑动过程中摩擦系数变化的快慢程度；

v——滑移速度。

试验所得速度与摩擦系数关系曲线见图 5-20。

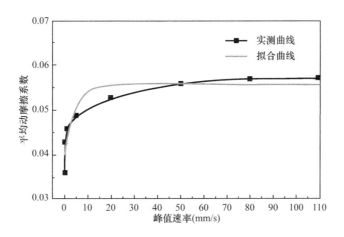

图 5-20　速度与摩擦系数关系曲线

根据试验曲线所获得的速度与摩擦系数的拟合公式为：

$$\mu = 0.05571 - (0.05571 - 0.03936)e^{-23.42v} \tag{5-6}$$

MTF 材料的性能参数指标见表 5-14。

MTF 材料的性能参数指标　　　　　　　　　　　　　　　　表 5-14

快摩擦系数	慢摩擦系数	速度相关系数
0.05571	0.03936	23.42s/m

综上所述，摩擦滑移摆隔震支座在时程分析时所用的支座性能参数见表 5-15。

时程分析用摩擦滑移支座力学性能参数　　　　　　　　　　表 5-15

类别		FRB28-600	FRB35-700
竖向刚度	kN/mm	934.3	934.3
屈服前刚度	kN/mm	24.4	24.4
等效水平刚度	kN/mm	1.006	1.006
摩擦系数	慢	0.03936	0.03936
	快	0.05571	0.05571
速度相关系数	s/m	23.42	23.42
曲率半径	m	1	1

5.2.4 隔震层设计

1. 验算隔震支座压应力

正常使用状态下支座压应力验算采用组合：$1.0D+0.5L$，正常使用状态下各个支座长期压应力见表5-16，由表可知，支座长期压应力较小，均小于34MPa，支座有足够的安全储备，最大压应力出现在57号支座，压应力为21MPa。

正常使用状态下各支座压应力　　　　　　　　　　　　　　表 5-16

支座编号	支座型号	$1.0D+0.5L$ $P(kN)$	长期极大压应力（MPa）
23	FPB28-600	621	10.1
24	FPB28-600	710	11.5
25	FPB28-600	974	15.8
26	FPB28-600	1230	20.0
27	FPB28-600	1107	18.0
28	FPB35-700	1627	16.0
29	FPB35-700	1492	14.7
30	FPB35-700	1256	12.3
31	FPB28-600	886	14.4
32	FPB28-600	1014	16.5
33	FPB28-600	1134	18.4
34	FPB35-700	1818	17.9
35	FPB35-700	2039	20.0
36	FPB35-700	1572	15.5
37	FPB35-700	1897	18.6
38	FPB35-700	1391	13.7
39	FPB35-700	1639	16.1
40	FPB28-600	1134	18.4
41	FPB28-600	712	11.6
42	FPB28-600	1178	19.1
43	FPB28-600	1012	16.5
44	FPB35-700	1551	15.2
45	FPB35-700	1846	18.1
46	FPB35-700	1665	16.4
47	FPB35-700	1600	15.7
48	FPB28-600	1079	17.5
49	FPB28-600	1204	19.6
50	FPB35-700	1791	17.6
51	FPB35-700	1943	19.1
52	FPB35-700	1899	18.7
53	FPB35-700	1551	15.2
55	FPB35-700	1706	16.8
56	FPB35-700	1475	14.5

续表

支座编号	支座型号	1.0D+0.5L P(kN)	长期极大压应力（MPa）
57	FPB35-700	2139	21.0
58	FPB35-700	1267	12.5
59	FPB28-600	1167	19.0
60	FPB28-600	663	10.8
61	FPB28-600	1007	16.4
63	FPB28-600	1197	19.4
64	FPB28-600	1256	20.4
65	FPB28-600	821	13.3

2. 验算罕遇地震下支座最大位移（水平位移和竖直位移）

罕遇地震作用下隔震支座最大剪力和最大轴力计算采用的荷载组合：1.2（1.0×恒荷载+0.5×活荷载）+1.3×水平地震+0.5×竖向地震，其荷载组合为：1.2（1.0D+0.5L）+1.3F_{ek}+0.5×0.2（1.0D+0.5L）=1.3D+0.65L+1.3F_{ek}。

罕遇地震作用下隔震支座面压计算采用的荷载组合：1.0（1.0×恒荷载+0.5×活荷载）+1.0×水平地震+0.5×竖向地震，其荷载组合为：1.0（1.0D+0.5L）+1.0F_{ek}+0.5×0.2（1.0D+0.5L）=1.1D+0.55L+1.0F_{ek}。

罕遇地震下隔震层水平位移计算：1.0×恒荷载+0.5×活荷载+1.0×水平地震；即：1.0D+0.5L+1.0F_{ek}。

罕遇地震下摩擦滑移隔震支座短期极小压应力计算：1.0×恒荷载±1.0×水平地震-0.5×竖向地震，其荷载组合为：1.0D±1.0F_{ek}-0.5×0.2（1.0D+0.5L）=0.90D-0.05L±1.00F_{ek}。

罕遇地震下摩擦滑移隔震支座竖向位移计算：1.0×恒荷载+0.5×活荷载+1.0×水平地震；即：1.0D+0.5L+1.0F_{ek}。

罕遇地震下摩擦滑移支座剪力轴力见表 5-17。

罕遇地震下摩擦滑移支座剪力轴力　　表 5-17

支座编号	支座型号	支座剪力（kN）								最大轴向力（kN）	短期极大压应力（MPa）
		X 向			Y 向			最大值（kN）			
		ART	LWD	NGA	ART	LWD	NGA	X 向	Y 向		
23	FPB28-600	320	245	308	333	245	336	320	336	−2364	38
24	FPB28-600	252	199	242	281	204	290	252	290	−1973	32
25	FPB28-600	305	236	312	326	235	338	312	338	−2343	38
26	FPB28-600	180	133	189	213	154	225	189	225	−1660	27
27	FPB28-600	267	206	274	287	207	298	274	298	−2061	33
28	FPB35-700	255	193	262	244	193	251	262	251	−1773	17
29	FPB35-700	149	111	156	104	87	104	156	104	−1056	10
30	FPB35-700	228	177	234	222	176	227	234	227	−1625	16

续表

支座编号	支座型号	支座剪力（kN）								最大轴向力（kN）	短期极大压应力（MPa）
		X 向			Y 向			最大值（kN）			
		ART	LWD	NGA	ART	LWD	NGA	X 向	Y 向		
31	FPB28-600	307	242	291	303	232	307	307	307	−2237	36
32	FPB28-600	292	223	282	301	218	309	292	309	−2167	35
33	FPB28-600	212	163	182	257	191	159	212	257	−1831	30
34	FPB35-700	293	212	302	285	205	294	302	294	−2126	21
35	FPB35-700	200	143	202	187	142	191	202	191	−1405	14
36	FPB35-700	225	182	228	293	213	308	228	308	−2208	22
37	FPB35-700	174	134	135	156	124	139	174	156	−1239	12
38	FPB35-700	138	103	142	197	154	108	142	197	−1458	14
39	FPB35-700	171	124	178	184	138	119	178	184	−1327	13
40	FPB28-600	292	213	300	305	224	316	300	316	−2157	35
41	FPB28-600	166	124	111	167	124	173	166	173	−1169	19
42	FPB28-600	265	193	273	252	193	255	273	255	−1798	29
43	FPB28-600	265	193	273	281	205	291	273	291	−1987	32
44	FPB35-700	183	135	189	183	136	104	189	183	−1433	14
45	FPB35-700	256	203	250	281	202	291	256	291	−1997	20
46	FPB35-700	313	228	322	297	229	301	322	301	−2169	21
47	FPB35-700	356	259	366	364	264	372	366	372	−2493	25
48	FPB28-600	238	181	163	201	157	194	238	201	−1639	27
49	FPB28-600	223	170	153	202	147	207	223	207	−1543	25
50	FPB35-700	231	169	238	235	172	240	238	240	−1619	16
51	FPB35-700	275	209	250	285	204	288	275	288	−2021	20
52	FPB35-700	317	253	317	314	247	322	317	322	−2315	23
53	FPB35-700	163	125	165	254	195	151	165	254	−1873	18
55	FPB35-700	210	155	217	194	141	203	217	203	−1427	14
56	FPB35-700	297	233	290	313	227	324	297	324	−2203	22
57	FPB35-700	266	202	235	268	195	276	266	276	−1946	19
58	FPB35-700	193	141	200	239	174	158	200	239	−1692	17
59	FPB28-600	194	147	131	173	128	177	194	177	−1352	22
60	FPB28-600	139	106	89	159	113	96	139	159	−1124	18
61	FPB28-600	176	132	176	211	152	215	176	215	−1498	24
63	FPB28-600	204	155	138	237	177	144	204	237	−1698	28
64	FPB28-600	182	140	169	224	171	148	182	224	−1610	26
65	FPB28-600	231	171	239	188	149	193	239	193	−1573	26

罕遇地震下，由表 5-17 可知，极大压应力最大值出现在 23 号及 25 号支座，大小为 38MPa，小于支座所能承受的最大面压 60MPa，结构安全。

罕遇地震下摩擦滑移支座水平位移

表 5-18

支座编号	支座型号	支座位移（m）						支座位移最大值（m）		
		X 向			Y 向			X 向	Y 向	最值
		ART	LWD	NGA	ART	LWD	NGA			
23	FPB28-600	0.073	0.046	0.077	0.073	0.046	0.077	0.077	0.077	0.077
24	FPB28-600	0.074	0.047	0.078	0.073	0.046	0.077	0.078	0.077	0.078
25	FPB28-600	0.074	0.047	0.077	0.071	0.047	0.075	0.077	0.075	0.077
26	FPB28-600	0.073	0.046	0.077	0.071	0.048	0.075	0.077	0.075	0.077
27	FPB28-600	0.073	0.048	0.077	0.070	0.047	0.075	0.077	0.075	0.077
28	FPB35-700	0.073	0.047	0.077	0.072	0.047	0.077	0.077	0.077	0.077
29	FPB35-700	0.073	0.046	0.077	0.072	0.047	0.076	0.077	0.076	0.077
30	FPB35-700	0.073	0.047	0.077	0.074	0.046	0.078	0.077	0.078	0.078
31	FPB28-600	0.073	0.047	0.077	0.074	0.046	0.078	0.077	0.078	0.078
32	FPB28-600	0.072	0.046	0.076	0.074	0.046	0.078	0.076	0.078	0.078
33	FPB28-600	0.072	0.046	0.076	0.073	0.046	0.077	0.076	0.077	0.077
34	FPB35-700	0.072	0.047	0.076	0.072	0.047	0.077	0.076	0.077	0.077
35	FPB35-700	0.073	0.046	0.076	0.073	0.047	0.077	0.076	0.077	0.077
36	FPB35-700	0.072	0.047	0.076	0.071	0.048	0.075	0.076	0.075	0.076
37	FPB35-700	0.072	0.047	0.075	0.072	0.047	0.076	0.075	0.076	0.076
38	FPB35-700	0.072	0.045	0.076	0.071	0.047	0.075	0.076	0.075	0.076
39	FPB35-700	0.072	0.047	0.076	0.072	0.047	0.077	0.076	0.077	0.077
40	FPB28-600	0.074	0.047	0.078	0.073	0.046	0.077	0.078	0.077	0.078
41	FPB28-600	0.072	0.048	0.076	0.075	0.045	0.078	0.076	0.078	0.078
42	FPB28-600	0.074	0.047	0.077	0.075	0.045	0.079	0.077	0.079	0.079
43	FPB28-600	0.074	0.047	0.077	0.072	0.046	0.076	0.077	0.076	0.077
44	FPB35-700	0.072	0.046	0.075	0.072	0.046	0.077	0.075	0.077	0.077
45	FPB35-700	0.074	0.047	0.078	0.071	0.046	0.075	0.078	0.075	0.078
46	FPB35-700	0.073	0.047	0.077	0.074	0.046	0.078	0.077	0.078	0.078
47	FPB35-700	0.073	0.046	0.077	0.074	0.046	0.078	0.077	0.078	0.078
48	FPB28-600	0.071	0.048	0.075	0.076	0.046	0.079	0.075	0.079	0.079
49	FPB28-600	0.070	0.048	0.074	0.075	0.046	0.079	0.074	0.079	0.079
50	FPB35-700	0.072	0.046	0.076	0.075	0.046	0.079	0.076	0.079	0.079
51	FPB35-700	0.073	0.046	0.077	0.073	0.046	0.077	0.077	0.077	0.077
52	FPB35-700	0.073	0.047	0.077	0.072	0.047	0.077	0.077	0.077	0.077
53	FPB35-700	0.072	0.047	0.076	0.071	0.047	0.076	0.076	0.076	0.076
55	FPB35-700	0.074	0.046	0.078	0.070	0.047	0.074	0.078	0.074	0.078
56	FPB35-700	0.073	0.046	0.077	0.072	0.047	0.076	0.077	0.076	0.077
57	FPB35-700	0.072	0.046	0.076	0.074	0.046	0.078	0.076	0.078	0.078
58	FPB35-700	0.072	0.046	0.075	0.073	0.046	0.077	0.075	0.077	0.077
59	FPB28-600	0.070	0.047	0.074	0.076	0.045	0.079	0.074	0.079	0.079
60	FPB28-600	0.070	0.047	0.074	0.074	0.046	0.077	0.074	0.077	0.077
61	FPB28-600	0.073	0.047	0.077	0.073	0.046	0.077	0.077	0.077	0.077
63	FPB28-600	0.072	0.046	0.076	0.073	0.046	0.077	0.076	0.077	0.077
64	FPB28-600	0.072	0.046	0.076	0.071	0.047	0.075	0.076	0.075	0.076
65	FPB28-600	0.074	0.045	0.077	0.072	0.047	0.076	0.077	0.076	0.077

罕遇地震下摩擦滑移支座竖向位移（m）　　　　　　表 5-19

支座编号	支座型号	支座位移（m）						支座位移最大值（m）		
		X 向			Y 向			X 向	Y 向	最值
		ART	LWD	NGA	ART	LWD	NGA			
23	FPB28-600	−0.002	−0.002	0.002	−0.002	−0.002	0.002	0.002	0.002	0.002
24	FPB28-600	−0.002	−0.002	−0.002	−0.002	−0.002	−0.002	−0.002	−0.002	−0.002
25	FPB28-600	−0.002	−0.002	−0.002	−0.002	−0.002	−0.002	−0.002	−0.002	−0.002
26	FPB28-600	−0.001	−0.001	−0.001	−0.002	−0.002	−0.002	−0.001	−0.002	−0.001
27	FPB28-600	−0.002	−0.002	−0.002	−0.002	−0.002	−0.002	−0.002	−0.002	−0.002
28	FPB35-700	−0.002	−0.002	−0.002	−0.002	−0.002	−0.002	−0.002	−0.002	−0.002
29	FPB35-700	−0.001	−0.001	−0.001	−0.001	−0.001	−0.001	−0.001	−0.001	−0.001
30	FPB35-700	−0.002	−0.002	−0.002	−0.002	−0.002	−0.002	−0.002	−0.002	−0.002
31	FPB28-600	−0.002	−0.002	−0.002	−0.002	−0.002	−0.002	−0.002	−0.002	−0.002
32	FPB28-600	−0.002	−0.002	−0.002	−0.002	−0.002	−0.002	−0.002	−0.002	−0.002
33	FPB28-600	−0.002	−0.002	−0.001	−0.002	−0.002	−0.002	−0.001	−0.002	−0.001
34	FPB35-700	−0.002	−0.002	−0.002	−0.002	−0.002	−0.002	−0.002	−0.002	−0.002
35	FPB35-700	−0.001	−0.001	−0.001	−0.001	−0.001	−0.001	−0.001	−0.001	−0.001
36	FPB35-700	−0.002	−0.002	−0.002	−0.002	−0.002	−0.002	−0.002	−0.002	−0.002
37	FPB35-700	−0.001	−0.001	−0.001	−0.001	−0.001	−0.001	−0.001	−0.001	−0.001
38	FPB35-700	−0.001	−0.001	−0.001	−0.001	−0.001	−0.001	−0.001	−0.001	−0.001
39	FPB35-700	−0.001	−0.001	−0.001	−0.001	−0.001	−0.001	−0.001	−0.001	−0.001
40	FPB28-600	−0.002	−0.002	−0.002	−0.002	−0.002	−0.002	−0.002	−0.002	−0.002
41	FPB28-600	−0.001	−0.001	−0.001	−0.001	−0.001	−0.001	−0.001	−0.001	−0.001
42	FPB28-600	−0.002	−0.002	−0.002	−0.002	−0.002	−0.002	−0.002	−0.002	−0.002
43	FPB28-600	−0.002	−0.002	−0.002	−0.002	−0.002	−0.002	−0.002	−0.002	−0.002
44	FPB35-700	−0.001	−0.001	−0.001	−0.001	−0.001	−0.001	−0.001	−0.001	−0.001
45	FPB35-700	−0.002	−0.002	−0.002	−0.002	−0.002	−0.002	−0.002	−0.002	−0.002
46	FPB35-700	−0.002	−0.002	−0.002	−0.002	−0.002	−0.002	−0.002	−0.002	−0.002
47	FPB35-700	−0.002	−0.002	−0.002	−0.002	−0.002	−0.002	−0.002	−0.002	−0.002
48	FPB28-600	−0.002	−0.002	−0.002	−0.001	−0.001	−0.001	−0.002	−0.001	−0.002
49	FPB28-600	−0.002	−0.002	−0.001	−0.001	−0.001	−0.001	0.001	−0.001	−0.001
50	FPB35-700	−0.002	−0.002	−0.002	−0.002	−0.002	−0.002	−0.002	−0.002	−0.002
51	FPB35-700	−0.002	−0.002	−0.002	−0.002	−0.002	−0.002	−0.002	−0.002	−0.002
52	FPB35-700	−0.002	−0.002	−0.002	−0.002	−0.002	−0.002	−0.002	−0.002	−0.002
53	FPB35-700	−0.001	−0.001	−0.001	−0.002	−0.002	−0.002	−0.001	−0.002	−0.001
55	FPB35-700	−0.001	−0.001	−0.001	−0.001	−0.001	−0.001	−0.001	−0.001	−0.001
56	FPB35-700	0.002	0.002	0.002	−0.002	−0.002	−0.002	−0.002	−0.002	−0.002
57	FPB35-700	−0.002	−0.002	−0.002	−0.002	−0.002	−0.002	−0.002	−0.002	−0.002
58	FPB35-700	−0.001	−0.001	−0.001	−0.002	−0.002	−0.002	−0.001	−0.002	−0.001
59	FPB28-600	−0.001	−0.001	−0.001	−0.001	−0.001	−0.001	−0.001	−0.001	−0.001
60	FPB28-600	−0.001	−0.001	−0.001	−0.001	−0.001	−0.001	−0.001	−0.001	−0.001
61	FPB28-600	−0.001	−0.001	−0.001	−0.001	−0.001	−0.001	−0.001	−0.001	−0.001
63	FPB28-600	−0.001	−0.001	−0.001	−0.002	−0.002	−0.002	−0.001	−0.002	−0.001
64	FPB28-600	−0.001	−0.001	−0.001	−0.002	−0.002	−0.002	−0.001	−0.002	−0.001
65	FPB28-600	−0.002	−0.002	−0.001	−0.001	−0.001	−0.001	−0.001	−0.001	−0.001

罕遇地震下，由表 5-19 可知，最大竖向位移发生在 23 号支座，最大竖向位移为 2.439mm，小于竖向位移限值 72mm，在滑动过程中滑块与上盘面不会发生脱离现象。摩擦滑移支座最大水平位移为 79mm，小于摩擦摆的水平位移限值 160mm，滑块与限位装置之间不会发生碰撞。

　　3. 摩擦滑移结构抗风验算

隔震层风荷载产生的总水平力标准值为 403.5kN（PKPM 计算结果）。根据《建筑抗震设计规范》GB 50011 第 12.1.3 条，采用隔震的结构风荷载产生的总水平力不宜超过结构总重力的 10%，本结构总重力为 55212kN，满足要求。$\gamma_w V_{wk} \leqslant V_{Rw}$，即 $1.4V_{wk} \leqslant$ 2173.14kN（各支座的静摩擦力之和）。

　　4. 摩擦摆隔震支座抗倾覆验算（表 5-20、图 5-21）

罕遇地震下摩擦滑移隔震结构楼层倾覆力矩　　　　　　　　表 5-20

楼层	楼层倾覆力矩（kN·m）						最大值	
	X 向			Y 向			X 向	Y 向
	ART	LWD	NGA	ART	LWD	NGA		
6	12968	13059	12881	1881	1973	1787	13059	1973
5	12446	12592	12264	2778	2887	2596	12592	2887
4	14026	14120	13296	6201	6826	6898	14120	6898
3	20587	21712	20632	29757	30947	31168	21712	31168
2	42279	43671	42184	61158	60765	59143	43671	61158
1（隔震层）	86538	87039	81607	111171	103391	96999	87039	111171

上部结构重力荷载代表值 55212kN，结构 X 方向宽 48.2m，Y 方向宽 20m，X 方向产生抗倾覆力矩 1330750.8kN·m，Y 方向产生抗倾覆力矩 737154.8kN·m，抗倾覆安全系数 X 方向为 6.54，Y 方向为 15.08，满足规范要求。

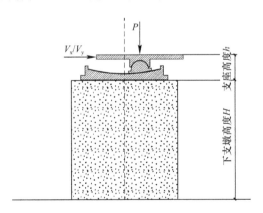

图 5-21　隔震支座下支墩柱示意图

注：图示中的剪力轴压力均为罕遇地震下的轴压力和剪力

　　5. 结论

（1）支座有足够的安全储备最大压应力出现在 57 号支座，压应力为 21MPa。

（2）摩擦滑移支座最大位移为 79mm；小于摩擦摆的水平位移限值 160mm，滑块与限位装置之间不会发生碰撞。

（3）摩擦滑移隔震结构在超罕遇地震作用下进行弹塑性时程分析，5个支座出现竖向拉力，分别为23号、24号、32号、43号及60号支座，最大竖向位移发生在23号支座，最大竖向位移为2.502mm。

（4）摩擦滑移隔震结构在罕遇地震作用下进行抗倾覆验算，抗倾覆安全系数X、Y方向分别为6.54和15.08，满足规范要求；

（5）隔震层风荷载产生的总水平力标准值为403.5kN（PKPM计算结果）。

根据《建筑抗震设计规范》GB 50011第12.1.3条，采用隔震的结构风荷载产生的总水平力不宜超过结构总重力的10%，本结构总重力为55212kN，满足要求。

$\gamma_w V_{wk} \leqslant V_{Rw}$，即$1.4 V_{wk} \leqslant 2153$kN（各支座的静摩擦力之和），满足要求。

5.2.5 结构设计指标

1. 结构动力特性分析（表5-21）

结构周期表　　　　　　　　　　　　　　　　　　表5-21

振型号	周期（s）	转角	平动系数		扭转系数（Z）	基底剪力（kN）	
			X向	Y向		1/1X向	1/1Y向
1	0.9602	93.02	0.00	1.00	0.00	6.12	3346.00
2	0.9473	1.57	0.99	0.00	0.01	3322.53	7.14
3	0.8021	128.94	0.05	0.04	0.91	87.30	1.47
4	0.3657	112.60	0.13	0.83	0.04	76.98	682.01
5	0.3644	23.01	0.83	0.15	0.02	669.61	84.35
6	0.2905	153.52	0.29	0.09	0.63	8.56	3.47

（振型信息）

周期比为0.835，均小于规范限值0.9。X方向的有效质量系数：100%。Y方向的有效质量系数：100%，均满足规范相关规定。

2. 位移及位移比分析（表5-22）

地震作用规定水平力下的楼层最大位移表　　　　表5-22

层号	X方向层位移比	X方向层间位移比	X方向层间位移角	Y方向层位移比	Y方向层间位移比	Y方向层间位移角
1	1.08	1.08	1/601	1.17	1.17	1/644
2	1.09	1.09	1/334	1.15	1.14	1/345
3	1.09	1.09	1/317	1.15	1.16	1/324
4	1.10	1.10	1/348	1.16	1.21	1/345
5	1.05	1.10	1/390	1.04	1.06	1/403
6	1.05	1.07	1/556	1.04	1.06	1/583

由图5-22所示，最大层间位移角为1/317，层间位移角满足规范要求。

3. 楼层侧向刚度分析

侧向刚度：各楼层的侧向刚度大于相邻上一层的70%及大于相邻上三层平均值的80%，各栋各楼层抗剪承力均大于相邻上一层的80%，本工程竖向抗侧力构件均连续贯通，无转换。按《建筑抗震设计规范》GB 50011属于竖向规则结构。

刚重比：X、Y向刚重比均大于10，能够通过《高层建筑混凝土结构技术规程》JGJ 3

（5.4）的整体稳定验算。

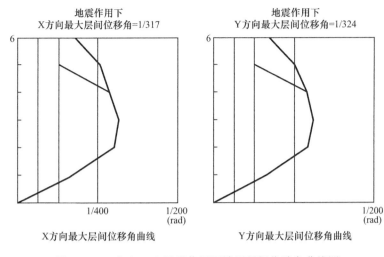

图 5-22　X 向和 Y 向地震作用下楼层层间位移角曲线图

4. 剪力及剪重比分析（表 5-23）

剪重比及调整系数汇总表　　　　　　　　　　　　表 5-23

层号	X 方向			Y 方向		
	剪力（kN）	剪重比	地震剪力调整系数	剪力（kN）	剪重比	地震剪力调整系数
1	3831.30	0.0775	1.000	3840.35	0.0777	1.000
2	3329.41	0.1006	1.000	3337.23	0.1008	1.000
3	2688.87	0.1226	1.000	2691.82	0.1228	1.000
4	1756.90	0.1546	1.000	1755.00	0.1544	1.000
5	500.97	0.2711	1.000	508.86	0.2737	1.000
6	260.18	0.3477	1.000	266.48	0.3561	1.000

剪重比：根据《建筑抗震设计规范》GB 50011—2010 第 5.2.5 条规定，剪重比限值为 0.032，满足规范要求。

5. 楼层承载力对比（表 5-24）

楼层受剪承载力、承载力比值及薄弱层调整系数表　　　　表 5-24

层号	X 方向			Y 方向		
	受剪承载力（kN）	与上一层受剪承载力之比	地震剪力调整系数	受剪承载力（kN）	与上一层受剪承载力之比	地震剪力调整系数
1	256500	14.59	1.000	256500	14.59	1.000
2	17580	0.94	1.000	17580	0.94	1.000
3	18620	1.06	1.000	18620	1.06	1.000
4	17530	2.85	1.000	17530	2.85	1.000
5	4259	1.12	1.000	4259	1.12	1.000
6	3785	1.00	1.000	3785	1.00	1.000

6. 结果汇总（表 5-25）

计算结果汇总表　　　　　　　表 5-25

抗震设防类别		丙类		建筑场地类别	Ⅱ类	基本风压 (kN/m²)	0.30
抗震设防烈度		8 度，0.20g，第三组		特征周期 (s)	0.45	基本雪压 (kN/m²)	0.30
上部结构总质量（t）		4941.511	周期折减系数	0.85	钢框架抗震等级	二	剪力墙抗震等级	无
考虑扭转耦联时的结构振动周期（s）	T_1	0.9602	地震作用下基底剪力 (kN)	Q_{ox}　3831.30	位移	最大位移与层平均位移的比值	最大层间位移与平均层间位移的比值	最大层间位移角
	T_2	0.9473		Q_{oy}　3840.35				
	T_3	0.8021	底层剪重比	X　7.75%	X	1.10	1.10	1/317
	T_3/T_1	0.835		Y　7.77%	Y	1.17	1.21	1/324
计算软件		2010 新规范版 PKPM SATWE YJK			计算方法	考虑双向地震扭转耦联振型分解反应谱法		

钢柱长细比、钢构件翼缘腹板宽厚比限值　　　　　　表 5-26

类型	长细比值	板件宽厚比限值	是否超限
柱	$\leqslant 80\sqrt{235/f_{ay}}$	$\leqslant 36\sqrt{235/f_{ay}}$	否
梁	无	$\leqslant 9\sqrt{235/f_{ay}}$（翼缘外伸部分宽厚比） $\leqslant 65\sqrt{235/f_{ay}}$（腹板高厚比）	否

综上分析，周期比、有效质量系数、位移比、位移角、楼层侧向刚度、刚重比、剪重比、楼层承载力、钢柱长细比、板件宽厚比均满足规范要求。

7. 地基变形验算

本工程基础采用独立基础＋防水板，隔震层地下室外墙采用墙下条形基础，设计以③层全风化粉砂质泥岩及④-1 层强风化粉砂质泥岩为持力层，地基承载力特征值 $f_{ak}=200$kPa。

地基土的物理力学指标见表 5-27。

地基土的物理力学指标建议值表　　　　　　表 5-27

类型	天然重力密度 y(kN/m³)	土的状态 I_L 或 e	压缩模量				固结快剪		承载力特征值 f_{ak}(kPa)
			$E_{s1\sim?}$ (MPa)	$F_{s2\sim3}$ (MPa)	$E_{s3\sim4}$ (MPa)	$E_{s4\sim8}$ (MPa)	内聚力 C_k(kPa)	内摩擦角 Φ_k(°)	
黏土②	18.0	可塑～硬塑状态	6.20	9.30	10.0	12.90	59.50	15.0	160
有机质黏土②-1	16.60	可塑	6.0	9.0	—	—	38.0	8.50	100
全风化泥岩黏土③	18.50	硬塑为主局部可塑	7.0	10.0	10.2	13.40	55.50	14.0	200
强风化泥岩④-1	22	密实～中密	9.0	12.0	—	—	45.0	8.0	300
中风化泥岩⑤	24.70	软岩	10.0	13.0	—	—	35.0	2.0	500

地基土三维图见图 5-23。

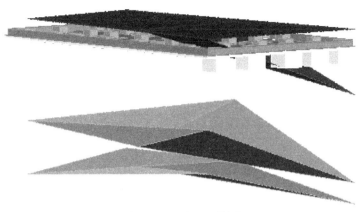

图 5-23 地基土三维图

基础沉降图见图 5-24。

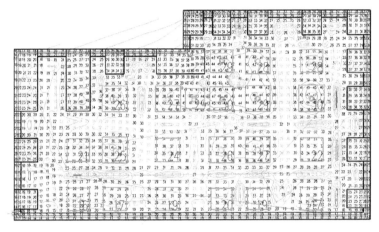

图 5-24 基础沉降图

基础三维沉降图见图 5-25。

结论：基础沉降总体趋势为右上角沉降大，左上角沉降小。因地勘报告左上角③层全风化粉砂质泥岩层较厚，总体沉降趋势与地勘报告相符。基础最大沉降为 48mm，为局部带阁楼出屋面楼梯间位置。相邻柱基最大沉降差为 0.196%，满足规范 0.2% 的限制要求。地形图见图 5-26。

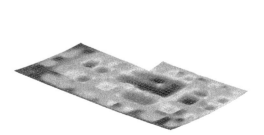

图 5-25 基础三维沉降图

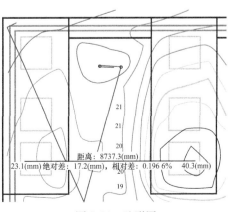

图 5-26 地形图

5.2.6　隔震构造措施

隔震建筑的上部结构与下部结构由隔震橡胶支座（以及阻尼装置）上下完全分隔开。根据《建筑抗震设计规范》GB 50011 第 12.2.7 条规定：隔震结构应该采取不阻碍隔震层在罕遇地震下发生大变形的构造措施。故在施工过程中，应按设计图纸及相关技术规范要求严格组织施工。隔离缝分为以下两种：

（1）竖向隔离缝

竖向隔离缝是隔震层以上结构与周围构、建筑物之间的缝隙，主要包括上部结构与其四周挡土墙之间、相邻建筑物之间、相邻地面形成的缝，对于单栋隔震结构，其缝宽不宜小于隔震支座在罕遇地震下的最大水平位移的 1.2 倍且不宜小于 200mm。对于两相邻隔震结构，其缝宽取最大水平位移值之和，且不小于 400mm。对于相邻的高层隔震建筑，考虑到地震时上部结构顶部位移会大于隔震层处位移，因此隔离缝要留出罕遇地震时隔离缝的宽度加上防震缝的宽度，方才合适。竖向隔离缝具体尺寸设置以设计图纸为准。排水沟的做法见图 5-27，错误做法见图 5-28。

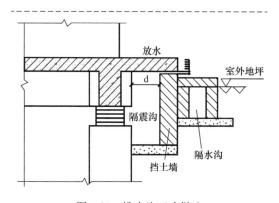

图 5-27　排水沟正确做法

图 5-28　排水沟错误做法

（2）水平隔离缝

水平隔离缝是指隔震层上部结构与隔震层下部结构或地面之间形成的水平缝。上部结构和下部结构之间，应设置完全贯通的水平隔离缝，缝高可取 20mm，并用柔性材料填充；当设置水平隔离缝确有困难时，应设置可靠的水平滑移垫层。水平向隔离缝具体尺寸设置以设计图纸为准。

1）隔震建筑内部隔墙，正确做法见图 5-29，错误做法见图 5-30。

2）室外台阶、踏步、坡道，正确做法见图 5-31 所示，错误做法见图 5-32。

3）楼梯（穿越隔震层），正确做法见图 5-33，错误做法见图 5-34。

4）管线（穿越隔震层），正确做法见图 5-35，错误做法见图 5-36。

穿越隔震层及隔离缝的配管、配线均应采用柔性连接或其他有效措施以适应隔震层在地震作用下的水平位移。以确保在发生地震时，各管线及其柔性连接接头不会遭到破坏。

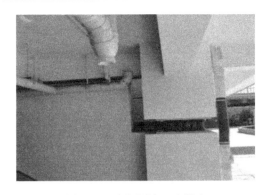

图 5-29 内部隔墙正确做法

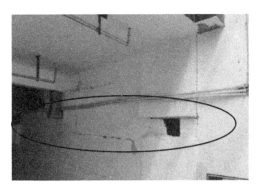

图 5-30 内部隔墙错误做法

图 5-31 室外台阶、踏步、坡道正确做法

图 5-32 室外台阶、踏步、坡道错误做法

图 5-33 楼梯正确做法

图 5-34 楼梯错误做法

图 5-35 管线正确做法

图 5-36 管线错误做法

5）避雷导体（穿越隔震层），正确做法见图 5-37，错误做法见图 5-38。穿越隔震层的

避雷导体也要做相应的柔性处理。

图 5-37　避雷导体正确做法　　　　　　　　　图 5-38　避雷导体错误做法

5.3　施工关键技术

5.3.1　摩擦摆关键技术施工方案概述

本工程为应用摩擦摆的钢结构建筑。总体施工流程为：摩擦摆下支墩施工→摩擦摆安装→上柱拼接（上部结构施工）→质量验收。

5.3.2　摩擦摆下支墩施工

（1）预埋件（预埋连接板板、套筒及锚筋）定位、固定

摩擦滑移摆支座下预埋件按图纸要求锚板下部仅有四根长度为 160mm 的套筒锚棒，为了安装固定该预埋板，采取以下安装固定措施：

1）焊接固定架：在下支墩钢筋绑扎完成后（最后一层网片钢筋暂时不绑扎，待安装固定后再进行补扎，以方便焊接固定），单独焊接用于承载预埋板的钢筋架子，使其单独承载，直接落于地板混凝土上，预埋板直接放置在架子上，待预埋板对中调平后进行固定。

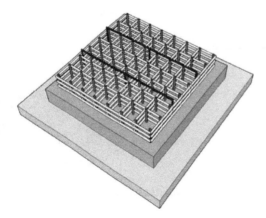

图 5-39　焊接固定架示意图

2）预埋板锚筋加强：在用仪器调好标高后用 2 根直径 18 的四级螺纹钢筋与下预埋板每边进行焊接（5d 单面焊），焊接钢筋长度为 650mm，共计 8 根。焊接过程中注意焊接质量，分多次进行焊接，避免焊接时温度过高从而造成预埋板起拱，从而影响板的平整度。另套筒长度为 160mm，丝口长度为 60mm。下部套筒位置约 80mm 为实心套筒，材质为Q345B。在套筒两边搭接 2 根直径 16 的四级螺纹钢筋，双面焊，焊接长度约 50mm（避免焊接长度过长损伤上部丝口），共计焊接 8 根。焊接这 16 根钢筋主要作用为加强下部锚固以及方便预埋板与墩基础钢筋间的焊接连接固定（图 5-40）。

图 5-40　预埋件锚筋示意图

3）预埋板安装加固处理：进行二次对中调平校正，把固定支撑架、预埋板焊接增加的锚筋、墩基础钢筋三者之间利用直径 14、直径 16 的钢筋进行有效连接，形成一个相对固定的整体，保障预埋板的稳固性，从而避免浇筑过程中出现偏差（锚板施工中每个锚板的对中误差按 2mm 进行控制，四角水平度误差按 2mm 进行控制，整体 41 套的累积误差不得超过 5mm），加固过程中两对角之间的锚筋做 45°的对拉连接焊接以及水平焊接连接，并在角部加 4 根斜撑与墩基础钢筋进行焊接连接，形成环形封闭圈，保障预埋板的整体稳定性，这样既能充分保证整个预埋件的平整度及水平误差，又能保证不伤及主筋。

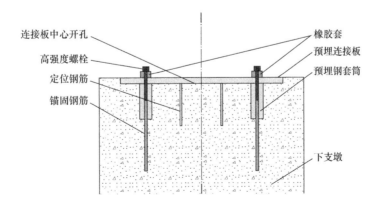

图 5-41　预埋件（预埋连接板、套筒及锚筋）定位、固定

（2）墩基础的支模及混凝土浇灌

1）支模：待钢筋进行隐蔽验收后，对墩基础进行除尘吹灰冲洗处理，然后进行封模，模板高度统一比混凝土浇筑面高出 100mm，统一进行对拉加固。

2）混凝土浇灌：因墩基础钢筋较密，为了保障混凝土浇筑的密实性，经与设计对接混凝土由原来的 C30，P6 混凝土调整为 C30 细石微膨胀混凝土，坍落度控制在 140±20mm，预先在墩基础四角位置留置 4 根振动棒，混凝土浇筑为分层振捣浇筑，每层浇筑厚度控制在 500mm 以内，分层浇筑过程中逐一振动上提振动棒（避免振动棒因钢筋过密卡住），再利用一台振动棒对中间空隙位置进行振捣，保障振捣充分均匀，逐层进行浇筑，浇筑时间不宜过长，保持连续性，另在预埋板中部开 12mm 的空洞，用于浇筑时的排气孔洞，浇筑前将四个套筒顶部封严，避免混凝土的淌入造成后续螺栓无法连接，利用胶带对预埋板十字线进行保护，以便浇筑后复核预埋板的水平位置偏差，并在浇灌过程中严格控制浇筑标高，浇筑标高比设计浇筑高度高出 20mm，以保障预埋板底部充分密实，不出现孔洞，在混凝土初凝前将预埋板上部多余浮浆及混凝土清除。

3）混凝土养护：凝固后脱模前进行洒水养护，脱模后检查建筑质量，若出现蜂窝麻面等质量现象需立即进行补浆处理，若遇"狗洞"等质量现象，需报专项处理方案报批，然后再进行补浆或二次浇灌处理，脱模后进行相应的洒水养护，避免由于高温造成开裂等现象，待养护 2d 后开展上部摩擦滑移摆支座的安装（摩擦滑移摆支座单个重量为360kg），摩擦滑移摆支座安装完毕后，待混凝土养护至 14d，开展上部钢结构吊装工作。

5.3.3　摩擦摆支座安装

（1）安装前检查

①安装前应检查支座是否完整，各连接处的螺栓是否紧密固定，不得任意松动连接螺栓。②核对墩号所需安装的支座规格型号与支座铭牌上规格型号是否相符。③检查支座标识，上下支座板中心是否对正，支座高度是否符合设计要求，安装时应按标识方向正确安装支座。④检查与支座上、下钢板贴合的面，必须清洁无油渍。

（2）支座安装

1）将支座置于墩台预埋板上，使用吊车进行起吊，人工两边扶正，保障摩擦滑移摆支座在吊运过程中水平不晃动。

2）通过吊带（布带）将支座主体（各部件已临时连接）吊放于下预埋板组件上，吊装时对齐两组件的连接孔，精确调整支座下支座板的平面位置，检查支座位置无误后与预埋板紧密贴合，保障螺栓孔的正确对孔，确保下锚固螺栓成功拧紧。起吊前确保下预埋板组件的上表面以及连接孔无杂物。

3）紧固螺栓（螺栓安装时螺母朝下，充分紧固，不留丝口），安装过程中如防尘围板在安装时影响支座的安装，可临时拆除防尘围板，待支座安装完成后，需立即对防尘围板重新进行安装。

4）支座安装完成后，做好相应的防晒、防雨、防尘措施。

5.3.4　上柱拼接技术

（1）根据现场情况布置，考虑一台 25t 汽车吊，另塔吊配合进行钢柱的吊装。

（2）在墩台上安装好定梁用的千斤顶，每个支座考虑四个千斤顶，吊装上部钢柱，落在临时支撑千斤顶上，通过千斤顶调整钢柱位置，使钢柱与支座的螺栓孔重合，并将连接支座与钢柱的高强度螺栓逐步拧紧。

（3）缓慢将钢柱放下，使支座及千斤顶平均受力，独立钢柱在顶层梁连接板和二层梁连接板位置分别设置三方向拉绳，钢柱顶部吊装钢索受力，避免单根钢柱荷载直接落于摩擦滑移摆支座上，从而防止独立钢柱因环境原因出现晃动及侧偏，造成剪力过大发生倾覆等危险，并避免出现受力不均等现象而影响摩擦滑移摆支座的性能。

（4）考虑先从建筑中跨⑥轴⑦轴交 B 轴 C 轴位置进行钢柱吊装，并将该范围内的 2～3 层以上的钢梁进行有效连接，使该区域范围内的钢柱先形成一个筒状的稳固整体，保障不出现晃动。在区域形成稳定整体后，拆除下部千斤顶及固定拉绳（需要有轴网图，平面图）。

（5）后续钢结构吊装围绕该区域钢结构进行顺序吊装，重复预设千斤顶设置及拉绳设置，吊装一根钢柱后，及时对孔并螺栓拧紧，连接上部 2～3 层钢梁，保障每根钢柱均稳固，并保障钢梁有效连接。

5.3.5　安装偏差允许范围及控制纠偏手段

1. 偏差允许范围

允许偏差参照《建筑隔震工程施工及验收规范》JGJ 360—2015，厂家提供的摩擦滑移摆支座安装说明书，行业标准《公路桥梁摩擦摆式减隔震支座》JT/T 852—2013，设计图纸等（表 5-28）。

检查项目偏差允许范围表　　　　　　　　　　　　表 5-28

项次	检查项目		允许偏差	检查方法	检查数量	参考规范
1	预埋钢板	四角标高	±2mm	水准仪测量	全数检查	摩擦摆支座安装说明书及施工图纸
2	摩擦摆支座	水平位置偏差	±5mm	钢尺测量		《建筑隔震工程施工及验收规范》 JGJ 360—2015 及施工图纸
3		中心标高偏差	±5mm	水平仪测量		

（1）支承摩擦滑移摆支座的支墩（或柱）其顶面水平度误差不宜大于 3‰；在隔震支座安装后摩擦滑移摆支座顶面的水平度误差不宜大于 8‰（按《建筑隔震工程施工及验收规范》JGJ 360—2015）。

（2）支座竖向压缩变形不应大于 4.0mm（参照行业标准《公路桥梁摩擦摆式减隔震支座》JT/T 852—2013 中 1000～25000kN 的支座的竖向压缩变形不应大于 4.0mm）。

（3）支座组装后的高度偏差为 ±2mm（参照行业标准《公路桥梁摩擦摆式减隔震支座》JT/T 852—2013）。

（4）同一支墩上多个隔震支座之间的顶面高差不宜大于 5.0mm（施工图纸）。

（5）支座连接件尺寸允许偏差见表 5-29、表 5-30（参照《建筑隔震工程施工及验收规范》JGJ 360—2015）。

连接板平面尺寸偏差允许范围表（mm）　　　　　　表 5-29

连接板平面尺寸允许偏差		
连接板直径或边长	板材厚度	
	≤30	>30
≤1000	±2.0	±2.5
1000～2500	±2.5	±3.0

连接板螺栓孔位置偏差允许范围表（mm）	表 5-30

连接板螺栓孔位置允许偏差	
连接板直径或边长	允许偏差
400～1000	±0.80
1000～2500	±1.20

2. 偏差测量控制

（1）安装测量控制的总则（表 5-31）

作为施工的依据，在施工过程中进行的一系列测量工作，衔接和指导各工序的施工，它贯穿于整个钢结构施工过程，是钢结构施工的关键技术工作之一。通过高精度的测量和校正使得摩擦滑移摆和钢构件安装到设计位置上，满足绝对精度的要求，因此测量控制是保证摩擦滑移摆支座安装及后续钢结构安装质量、工程进度的关键工序。

测量控制总则表	表 5-31

序号	测量控制总则
1	负责工程施工所需的全部施工测量放线工作及滑移摩擦摆支座安装过程中的测量控制工作，复核安装后的精度，保证支座安装的精度复核要求
2	接受业主提供的测量基准点后，应校测其基准点（线）的测量精度，并复核基准点资料和数据的准确性
3	以业主提供的测量基准点（线）为基准，按国家测绘标准和工程施工精度要求，设定用于工程的控制网
4	滑移摩擦摆安装完成，在确定的每天的同一时间测量作为控制数据的依据，必要时应作适当修正

（2）预埋件的标高控制

对基础面的高程控制，采用水准仪常规高差测量，直接测得预埋件面的标高；对离水准基准点较远的测设，为了减少水准仪的传递误差和多次读数的偶然误差，采用全站仪三角高程测得预埋件的标高。预埋件的标高允许偏差为 2.0mm。

（3）预埋件的平整度的控制

用水平仪对预埋板的标高进行粗测之后，用框式水平仪对预埋板的水平度进行精确测量，使预埋板的水平度保持在 1/300 之内。

（4）预埋件的位置轴线的控制

先将主轴线引至筏板上，用墨线弹出，再将全站仪架设于筏板上引测出每个下支墩的基础轴线，用墨线弹在筏板上，并将墨线引至每个支墩钢筋笼上，最后用大红油漆做好标记，方便预埋钢板就位时的校正。

严格贯彻执行《建设工程质量管理条例》（国务院第 279 号令）、《工程建设标准强制性条文》和《实施工程建设强制性标准监督规定》（建设部第 81 号令），工程严格按照施工规范、操作规程施工，接受发包方、监理和质量监督站管理，工程质量满足验收规范与设计要求。

3. 纠偏手段

对于轴线位移或标高无法满足设计要求的，按照图 5-42 进行校正，校正措施在下支墩浇筑完混凝土并待混凝土达到一定强度后拆除。

若在无法采取上述纠偏措施取得效果的情况下，连接板依然存在一定的偏差，可采取连接板扩孔处理（扩孔范围不得超过 10mm），扩孔连接板位置采用高强度树脂做填塞处理，若局部位置标高出现误差可采用摩擦滑移摆上支座螺栓垫片及钢柱柱脚垫片进行调节。

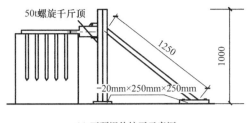

(a) 下预埋件校正示意图

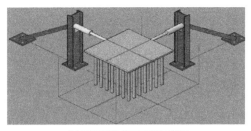

(b) 下预埋件校正三维示意图

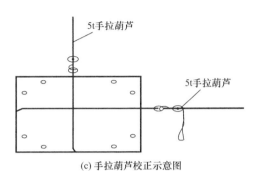

(c) 手拉葫芦校正示意图

图 5-42　下支墩预埋件校正措施图

4. 施工辅助设施

由于塔吊以及汽车吊在预埋的过程中灵活性较差，故需要额外制作方便移动的活动性支撑架，用于预埋过程中，用来支撑预埋件以及摩擦滑移摆支座的重量。活动式承重架规格为：长 4m，宽 2.5m，高 4m，在预埋安装摩擦滑移摆支座过程中需要 4 个活动式承重架来配合施工（图 5-43）。

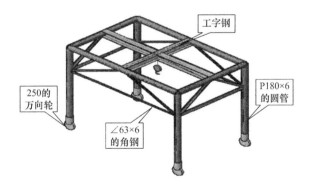

图 5-43　承重架示意图

5.3.6　摩擦摆支座解锁技术

在结构完成后，需要进行摩擦摆解锁。摆解锁分为正常解锁与非正常解锁。正常即螺栓可以轻松拧下来，不存在明显的剪力。

在螺栓不易拧出时为非正常解锁情况。在上部结构施工的过程中，摩擦摆整体而言产生偏心的影响，摩擦摆的锁定螺栓存在应力集中的情况，在摩擦摆解锁的时候可能出现能量释放的情况、位移调整的情况。故摩擦摆解锁的时候应当做一定的防护措施。

根据本工程的情况做了以下防护措施：

（1）在摩擦摆解锁的过程中必须佩戴安全帽；（2）采用由外往内依次解锁；（3）解锁过程中出现不易解锁的螺栓时，需要在摩擦摆周边布置铁丝网，以防螺栓蹦出。

5.3.7 安全措施

（1）进入施工现场戴好安全帽，穿戴规定的劳保保护用具；

（2）施工现场严禁吸烟，禁止酒后上岗；

（3）各特殊工种需经培训考试合格后持证上岗，严禁无证作业；

（4）搬运车吊运时，应检查车体吊杠及链钩安全，防止链断杠折伤人；

（5）安装过程必须要有足够的操作空间，并做好防护；

（6）摩擦滑移摆支座存放及安装处，需做好防尘遮雨措施；

（7）严禁乱接乱搭电线，电器设备维修等由专业人员操作；

（8）隔震层构件的更换、修理或加固，应在有经验的工程技术人员的指导下进行；

（9）吊装安装过程中明确安装顺序，合理安排计划及场地等，吊装过程中专人指挥操作；

（10）进场人员均做到三级安全教育，对分批新进的工人均做到一一对应，及时更新，做到每个工人均受到进场三级安全教育；

（11）对幼儿园周边进行全封闭式围挡，做到封闭式管理，对进场施工人员进行实名打卡制度，杜绝所有外来无关人员的进入；

（12）做好每天的班前教育工作，讲解危险源，以及施工期间的防范意识，提高现场施工人员的风险辨别意识；

（13）吊装组装期间，吊装工作区域和四周拉设警戒线，挂起警示牌，杜绝无关施工人员进入吊装范围，营造安全的吊装环境；

（14）成立吊装组，由项目部统一协调指挥操作，下属机械操作组、指挥组、吊装组、钢筋组、模板组、测量组、验收组，各职责任人员应加强现场沟通，及时通报各方情况；

（15）吊装前，对吊索具、吊机进行认真检查，发现裂纹、破损、失灵等不符合安全使用要求的严禁使用；起吊用的钢丝绳等必须符合规范、标准要求，不得超负荷使用；

（16）吊装前操作人员进行统一交底，确定好吊机的指挥信号、动作手势及操作顺序，以保持吊装过程中的协调、稳定和平衡；

（17）支座起吊时应保证水平，起重吊钩应在重心的正上方，起钩后构件不作前后、左右摆动；检查钢绳受力状况，几根钢绳应均匀受力；吊钩要求具有防跳绳装置，无排绳打搅现象；

（18）起重高度应在人手可触及的范围，不能在空中任意摆动；吊运通道应无障碍物，施工人员不要站在构件运动方向，构件不得超越头顶；

（19）落钩前应明确位置，摆正构件，避免无目的随意摆放；落钩要用慢速，经充分落钩钢绳不受力才能靠近取钢绳；忌手放在构件下取物，钢绳退出时不允许使用吊钩直接拉动避免钢绳弹出伤人；

（20）施工现场应整齐、清洁，设备材料、配件按指定地点堆放，并按指定道路行走，不准从危险地区通行，不能从起吊物下通过，与运转中的机械保持距离。

5.3.8　质量验收

1. 安装验收的内容

（1）项目检查：检查数量为全数检查（表 5-32）。

项目检查内容表　　　表 5-32

序号	项目检查内容
1	滑移摩擦摆支座的表面洁净、无油污、泥砂、破损等
2	滑移摩擦摆支座及下预埋板的中心标志齐全、清晰
3	焊缝外观无夹渣、咬肉、漏焊
4	防腐涂层均匀、光洁、无漏刷
5	丝扣无裂纹损毁

（2）支座安装允许偏差和检查方法见表 5-33。

支座安装允许偏差和检查方法表　　　表 5-33

项目	允许偏差	检查数量	检验方法
摩擦支座中心标高（mm）	±5		用水准仪、钢尺测量
摩擦支座水平位置偏差（mm）	±5	全数检查	用全站仪、经纬仪、钢尺测量
单个斜倾度	≤1/300		用经纬仪、钢尺测量

（3）支座连接板、平面尺寸和厚度、螺栓孔位置、套筒和螺栓外径尺寸和长度偏移检查数量为全数检查。

（4）支座连接板和预埋板平整度偏差应小于 1/300，检查数量为全数检查。

（5）套筒与支座连接板、锚筋与支座预埋板的连接可以螺栓开孔或者点焊焊接方式，螺栓开孔、点焊焊接尺寸偏差和缺陷，检查数量应为全数检查。

（6）高强度螺栓应进行专项检验，并应符合现行行业标准《钢结构高强度螺栓连接技术规程》JGJ 82 要求，检查数量为全数的 50%，检验方法由专业检查单位提供检测报告。

（7）支座的力学性能抽检，按现行行业标准《建筑隔震工程施工及验收规范》JGJ 360 要求检查数量：同一生产厂家、同一类型、同一规格的产品，并进行支座力学性能试验。

（8）支座下支墩不应有蜂窝、麻面，全数检查。

（9）构件形状尺寸保证措施见表 5-34。

保证措施表　　　表 5-34

序号	保证措施
1	材料进场应堆放整齐，防止变形和损坏，堆放时应放在稳定的枕木上，并根据构件的编号和安装顺序来分类
2	构件堆放场地应做好排水，放置积水对构件的腐蚀
3	在吊装作业时，应尽量避免碰撞、重击
4	在构件上避免焊接过的辅助设施，防止对母材造成影响
5	吊装时，在地面铺设刚性平台，方便施工及监督人员使用

2. 工程验收

隔震结构的验收应符合《建筑隔震工程施工及验收规范》JGJ 360—2015 的规定，加强过程资料的收集，做好相应的隐蔽验收记录，施工记录、检验批记录、具体文件如下：

1) 隔震层部件供货企业的合法证明；

2) 隔震层部件出厂合格证书；

3) 隔震层部件的产品性能出厂检验报告；

4) 隐蔽工程验收记录；

5) 预埋件及隔震层部件的施工安装记录；

6) 隔震结构施工全过程中隔震支座竖向变形观测记录；

7) 安装视频影像资料（含上部结构与周围固定物脱开的检查记录）。

5.3.9 文明环保措施

（1）严格按照当地有关规定执行，做好周边防尘控制、噪声控制等，尽量避免给周边居民带来影响。

（2）现场施工区与生活区分开并封闭管理。

（3）专业施工队伍进场后，组织所有施工人员学习环保、环卫的有关规定，提高环保意识，明确工程环保要点，提高自觉性，同时明确各项管理规定，对违规行为及时纠正。

（4）各种机械要尽量选择低污染型，同时做到合理操作、妥善保养，避免因非正常使用带来噪声或不良影响。

（5）安装期间的废弃物应统一管理销毁，不得乱扔、乱放。

第 6 章　深汕实验办公楼（中建绿色产业园 A 区项目二期 1 号综合楼）

6.1　项目简介

6.1.1　基本信息

（1）项目名称：深汕实验办公楼（中建绿色产业园 A 区项目二期 1 号综合楼）；

（2）项目地点：广东省汕尾市鹅埠镇深汕合作区；

（3）开发单位：中建（深圳）绿建投资有限公司；

（4）EPC 工程总承包单位：中建科技集团有限公司；

（5）设计单位：中建科技集团有限公司；

（6）设计咨询单位：建研科技股份有限公司；

（7）施工单位：中建二局第一建筑工程有限公司；

（8）预制构件生产单位：中建科技（深汕特别合作区）有限公司；

（9）进展情况：正在建设中。

6.1.2　项目概况

深汕实验办公楼项目位于广东省汕尾市鹅埠镇深汕合作区，东临深汕大道北段，西侧和北侧是山地和少量民房，是华南地区首个采用 EPC 工程总承包模式的"装配式大框架结构支撑体＋高性能防屈曲支撑＋模块化钢结构体系"项目，工程地理位置见图 6-1，工程效果见图 6-2。

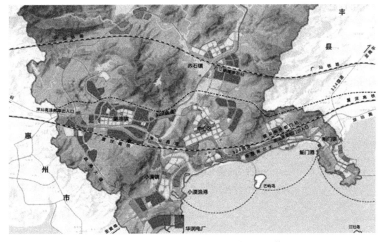

图 6-1　深汕实验办公楼项目的地理位置

图 6-2 深汕实验办公楼项目的工程效果图

深汕实验办公楼位于中建绿色产业园内，为产业园配套办公设施。项目用地共分为 A、B 两个区，项目用地编号分别为 E2015-0022 和 E2015-0014，用地面积分别为 246047m^2 和 75564m^2，容积率为 1.01 和 1.03。办公楼位于 A 区地块，建筑面积 5150m^2，建筑高度 21.000m。建筑使用年限为 50 年，建筑结构安全等级为二级，建筑抗震设防分类为丙类，抗震设防烈度为 7 度，地基基础设计等级为甲级，无地下室。

本项目主体结构采用装配式大框架结构支撑体＋高性能防屈曲支撑结构体系，楼面（屋面）体系采用重载预制预应力双 T 板，二层办公平台以上及住宿区的结构体系采用模块化钢结构。

6.1.3 结构体系特点及减震技术应用情况

本项目主体结构采用大框架支撑体结构，该结构具有跨度大、承受荷载大等特点，传统的装配整体式框架梁柱现浇节点区钢筋密集，生产及施工难度大，难以满足项目需求。采用在大框架支撑体结构楼梯间内增加高效耗能支撑等耗能构件，形成抗侧力系统，将结构抗侧刚度由传统框架结构刚性节点转由"耗能支撑＋铰接框架"形成的抗侧力系统承担，这将改变框架的传统受力方式，框架结构体系节点由刚接变成铰接，这将使得大型框架构件生产及结构施工变得简单易行，从而促进该类结构体系的推广。图 6-3 为大型框架支撑体结构体系示意图。

本工程的亮点有：（1）全干式铰接连接预制混凝土框架结构体系节点连接技术；（2）防屈曲约束支撑与全预制混凝土框架结构体系及节点连接技术；（3）重载预制预应力双 T 板与主体结构节点连接技术；（4）模块化钢结构节点连接技术。

根据结构在多遇地震和罕遇地震作用下整体计算结果，确定屈曲约束支撑承载力和尺寸。在确定支撑型号时，根据受力情况进行归并，尽量减少支撑型号；同时尽量选用支撑生产厂家定型产品库里已有的型号，便于构件生产和施工现场管理成本，避免出错（表 6-1）。

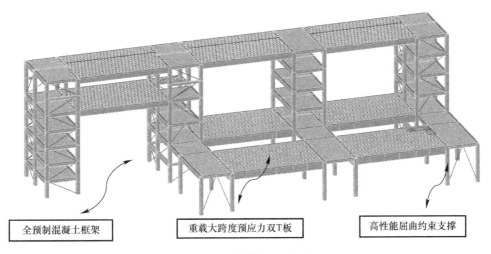

全预制混凝土框架　　　重载大跨度预应力双T板　　　高性能屈曲约束支撑

图6-3　结构体系示意图

屈曲约束支撑参数表　　　　　　　　　表6-1

支撑型号	支撑编号	支撑芯材	屈服力（kN）	外筒尺寸（mm）	支撑长度（mm）	支撑数量
BRB-500-4200	十字-1	Q235B	500	150×150	4200	14
BRB-500-2700	十字-2	Q235B	500	150×150	2700	6
BRB-500-3900	十字-3	Q235B	500	150×150	3900	17
BRB-500-3500	十字-4	Q235B	500	150×150	3500	5
BRB-500-4800	十字-5	Q235B	500	150×150	4800	3
BRB-500-4400	十字-6	Q235B	500	150×150	4400	5
BRB-500-3300	十字-7	Q235B	500	150×150	3300	6
BRB-500-3600	十字-8	Q235B	500	150×150	3600	4
BRB-500-3100	十字-9	Q235B	500	150×150	3100	1
BRB-500-5100	十字-10	Q235B	500	200×200	5100	3
BRB-500-3000	十字-11	Q235B	500	150×150	3000	9
BRB-500-4100	十字-12	Q235B	500	150×150	4100	1
BRB-500-6000	十字-13	Q235B	500	200×200	6000	4
支撑数量合计						78

　　确定支撑型号后再根据支撑在结构中的布置情况深化支撑与主体结构连接节点。本项目主体为预制混凝土框架结构，预制混凝土梁与预制柱通过牛腿实现干式连接。因此，在有支撑的位置设置钢牛腿用来连接预制混凝土梁和支撑，钢牛腿焊接在预制柱预埋钢板上，屈曲约束支撑与钢牛腿焊接。屈曲约束支撑与主体结构连接节点示意见图6-4。屈曲约束支撑立面局部布置见图6-5。

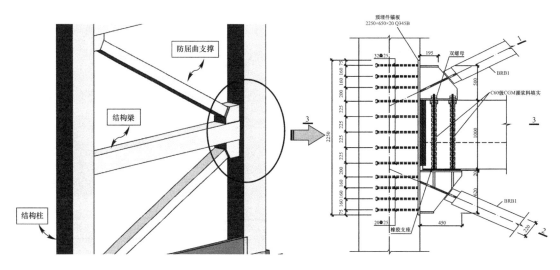

图 6-4　屈曲约束支撑与主体结构连接节点示意图

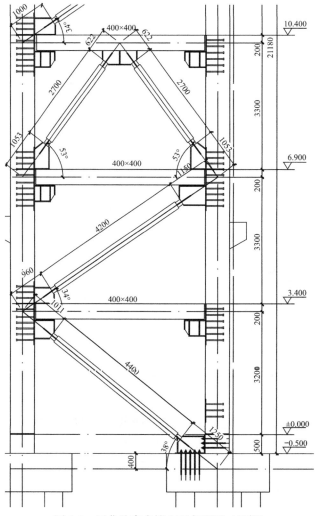

图 6-5　屈曲约束支撑立面布置图（局部）

6.2　设计关键技术要点

1. 全干式铰接连接预制混凝土框架结构体系

本工程在概念设计上首次采用装配式大型框架结构支撑体＋空间填充体建筑结构体系，即通过大型框架支撑体形成的大空间，再以空间填充体分割成不同功能需求的小空间，根据建筑使用过程中的不同需求，空间填充体的组合和装配可以灵活调整，使得建筑空间具有灵动、可变、可持续的特点。框架支撑体与空间填充墙示意，见图6-6。

(a)框架结构支撑体

(b)空间填充体

图6-6　框架支撑体与空间填充墙示意图

大框架支撑体采用全预制"铰接框架"结构体系，梁柱铰接节点采用干式连接，并采取相应构造措施，确保实际节点与计算模型吻合；采用高效耗能（防屈曲约束支撑）装置与主体结构形成抗侧力系统，提供结构在正常使用荷载以及风、地震荷载作用下的结构刚度，使结构体系满足正常使用状态和承载能力极限状态要求；应用可承受重荷载的大跨度预应力双T板，与主体框架形成大型框架支撑体结构体系。

空间填充体采用钢结构体系模块化建筑，满足功能一体化、系统化要求，设计研发过程遵循模数化、标准化原则；考虑到混凝土与钢结构材质差异及变形协调，以尽量减少二者受力关联为设计原则。框架支撑与空间填充墙的组合示意图见图6-7。

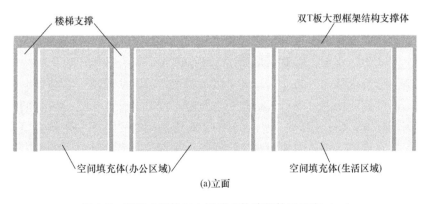
(a)立面

图6-7　框架支撑体与空间填充体建筑体系示意（一）

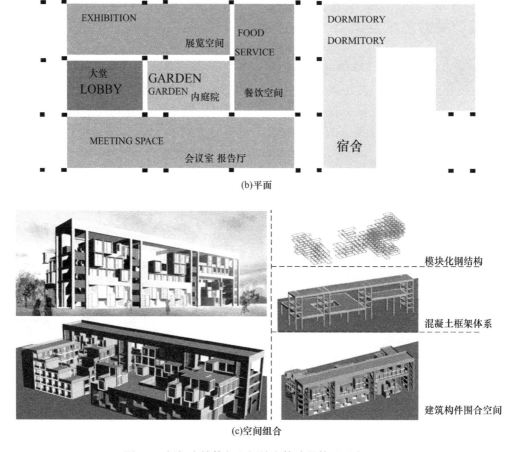

(b)平面

(c)空间组合

模块化钢结构

混凝土框架体系

建筑构件围合空间

图 6-7 框架支撑体与空间填充体建筑体系示意（二）

2. 装配式模块化钢结构设计技术

根据模块的不同结构形式，模块分为角柱支撑模块，墙体承重模块及局部开孔模块。角柱支撑模块类似于传统的热轧钢结构框架，模块构造形式为在方钢管角柱间布置梁高较高的纵向边梁，建筑的竖向荷载全部用模块的 4 根角柱承担，称之为角柱支撑模块（图 6-8a），这与带有轻钢承重墙的墙体承重模块（图 6-8b）形成明显对比，边梁一般 200～400mm高，跨度（即模块的长度）为 5～8m。模块的宽度一般为 3.0～3.6m，以方便运输至现场。角柱支撑模块的主要优势在于可以对模块单元一个或多个面进行完全开放，当模块并排安装在一起时可以创建更大的开放式空间，对比局部开孔模块（图 6-8c），角柱支撑模块具有更加灵活的空间布置，容易满足建筑功能的需求，适合国内模块化钢结构的发展。

本示范项目模块化结构之间连接要满足以下要求：（1）从模块自身角度，接口设计不能影响模块本身的使用功能；（2）从结构受力角度，接口设计必须具有一定的强度，不能成为结构的薄弱环节；（3）接口在确保构件加工精度的同时要考虑一定的容差，方便现场吊装作业；（4）在拼接部位还需处理好缝隙问题，特别是在室内外分隔的地方。在保证住宅密封性的同时防止冷桥和热桥现象。

图 6-9 及图 6-10 为模块化钢结构之间的组合及节点连接示意图，通过模块之间的不同组合，形成不同的建筑立面表现方式，同时通过方便、快捷、有效的螺栓节点连接方式，

实现模块之间的组合与拆分。

(a)角柱支撑钢结构模块

(b)墙体承重钢结构模块

(c)局部开孔钢结构模块

图 6-8　不同结构形式钢结构模块

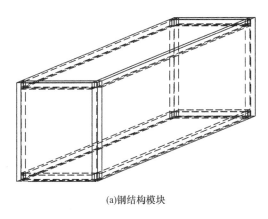

(a)钢结构模块　　　　　　　　　　　　　　(b)钢结构模块组合

图 6-9　模块化结构之间组合示意图一

　　本项目的主体结构采用全干式连接预制装配式混凝土框架＋高性能支撑结构体系，该体系集成了众多难点和创新点。模块化钢结构支撑于主体结构楼板上，支撑楼板应用了重载预制预应力双 T 板，见图 6-11。因此，重载预制预应力双 T 板成为项目一个设计关键技术。

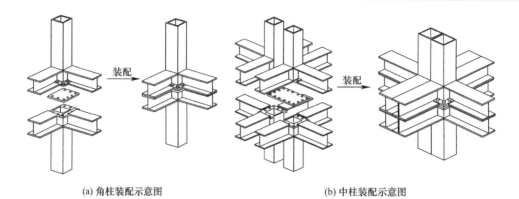

(a) 角柱装配示意图　　　　　　　　　　　　　(b) 中柱装配示意图

图 6-10　模块化结构之间节点装配示意图

图 6-11　项目剖面示意图

　　针对本项目主体框架的特殊需求，采用预制框架梁柱节点铰接，柱底与基础刚接，双 T 板肋梁与预制框架梁铰接，高性能支撑与主体框架铰接的节点连接技术方案。

　　通过梁端铰接节点构造，侧向力主要由高性能支撑承担，在罕遇地震作用下，塑性铰集中出现在高性能支撑部位，可保证主体预制混凝土框架的结构安全，增强结构整体的抗震安全性。本项目相关节点连接构造示意，见图 6-12；本项目预制混凝土框架与双 T 板结构的组合示意，见图 6-13；本项目预应力双 T 板见图 6-14。

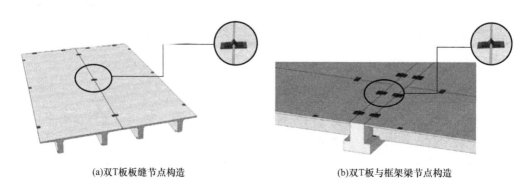

(a)双T板板缝节点构造　　　　　　　　　　(b)双T板与框架梁节点构造

图 6-12　主体框架节点连接方案示意图（一）

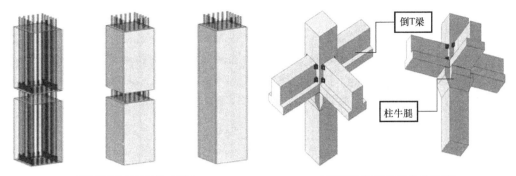

(c)预制柱竖向连接构造示意图　　　　　　　(d)预制柱与预制梁铰接节点构造

图 6-12　主体框架节点连接方案示意图（二）

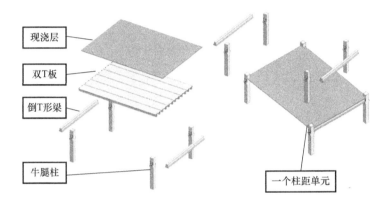

图 6-13　预制混凝土框架与双 T 板结构组合示意图

图 6-14　本项目用预应力双 T 板

　　针对"主结构"与"子结构"的关系特点，分析主结构上支撑子结构的预应力双 T 板荷载，借助课题组编制的计算软件进行预应力双 T 板配筋计算，并与商业软件进行对比分析，确保配筋结果的合理性。同时，考虑到示范项目中应用的双 T 板荷载较正常使用双 T 板荷载大，课题组编制了"预应力混凝土双 T 板短期受弯性能试验研究方案"，对重载预应力双 T 板进行足尺寸静力荷载试验，检验重载预应力双 T 板的短期裂缝、短期刚度、受弯承载力和极限受弯承载力等性能。

6.2.1 结构布置

结构 X 向跨度分为两种：6000mm 和 18000mm，结构 Y 向跨度分为四种：5000mm、6000mm、7000mm 和 12000mm，结构主要层高分别为 7000mm、8000mm 和 6000mm。结构采用柱贯通型设计，通过在柱侧设置牛腿，实现梁柱铰接连接。整个结构梁柱混凝土强度等级均为 C60，钢筋均为 HRB400 三级钢。

根据《建筑结构荷载规范》GB 50009—2012 和本体系受荷特点，主要荷载标准值有：7.000m 标高大平台附加恒载 24.0kN/m²，活载 8.0kN/m²；15.000m 标高大平台附加恒载 8.0kN/m²，活载 3.0kN/m²；屋面及其他走道等区域按规范取值。根据荷载情况，初拟结构构件尺寸见表 6-2。

结构整体模型主要构件尺寸表　　　　　表 6-2

楼层	标高（m）	梁截面（mm）	板厚（mm）	备注
6	21.000	400×400	130	★
5	17.500	400×800	130	—
4	15.000	400×1200	320	★
3	10.500	650×650	130	—
2	7.000	650×1300	320	★
1	3.000	650×1600	130	—

注：框架柱截面均为 650mm×650mm，"★"表示大跨度主要楼层。

结构平面及立面布置见图 6-15，结构整体计算模型见图 6-16。

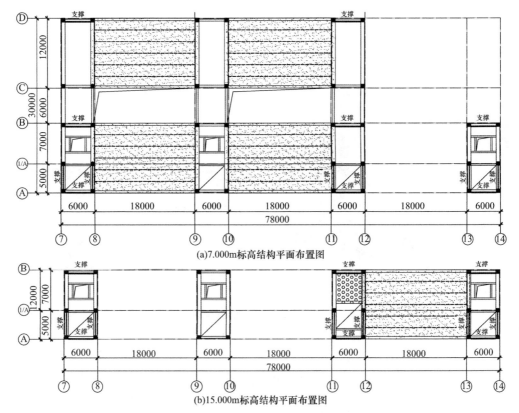

(a)7.000m 标高结构平面布置图

(b)15.000m 标高结构平面布置图

图 6-15　结构平面及立面布置图（一）

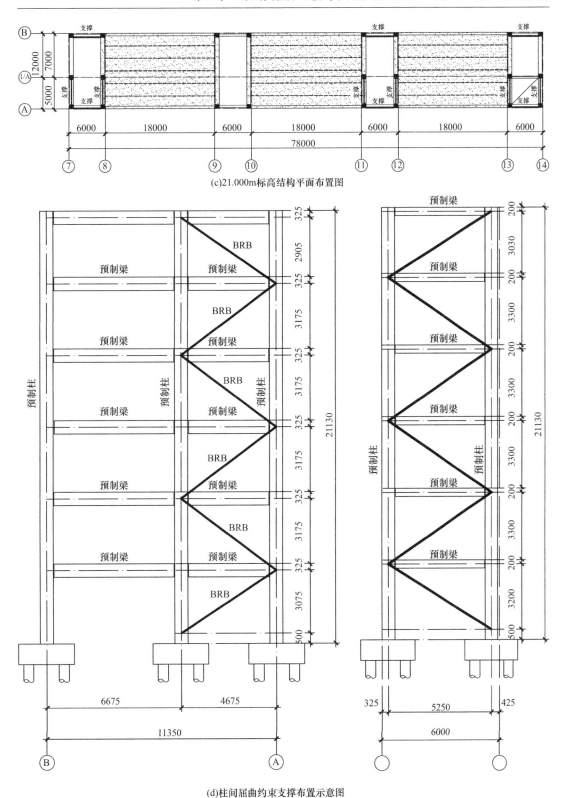

(c)21.000m标高结构平面布置图

(d)柱间屈曲约束支撑布置示意图

图 6-15　结构平面及立面布置图（二）

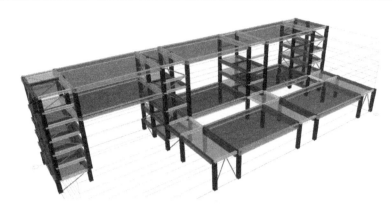

图 6-16 结构整体模型

6.2.2 减震设计

通过仿真实验分析，获得高性能结构体系的受力性能与传统框架结构体系的异同及合适的计算方法；分析高性能结构体系在地震作用下的破坏模式和破坏机理，并通过计算分析，获得影响关键耗能构件受力及耗能构件的关键设计参数；在仿真分析的基础上，了解高性能结构体系的薄弱部位，进行试验研究，设计高性能结构试验方案，研究分析模型正确性。以此为基础，研究分析与大型框架支撑体结构匹配的高效耗能支撑选型及节点连接形式，结构体系屈曲约束支撑布置示意，见图 6-17。

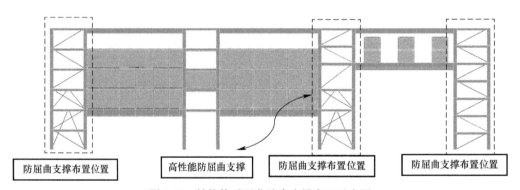

图 6-17 结构体系屈曲约束支撑布置示意图

屈曲约束支撑一般由三部分组成：无约束非屈曲段、约束非屈曲段和约束屈曲段（图 6-18），假设各段对应的弹簧刚度为 k_1、k_2、k_3，则屈曲约束支撑的等效弹簧刚度为：

$$1/k = 1/k_1 + 1/k_2 + 1/k_3 \qquad (6-1)$$

屈曲约束支撑的等效截面面积为 A_e，其中 E_s 为芯材弹性模量，l 为支撑长度，则：

$$A_e = kl/E_s \qquad (6-2)$$

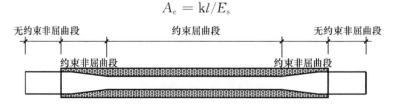

图 6-18 屈曲约束支撑组成示意图

高性能装配式混凝土铰接框架结构体系中屈曲约束支撑计算模型比较简单。在弹性阶段可按具有相同等效截面的普通钢支撑计算其在侧向荷载作用下的内力和变形，不考虑支撑本身的稳定性。一般可根据 2 倍左右弹性阶段支撑内力来初步选择支撑型号并进行试算，最终确定屈曲约束支撑性所需性能参数。在弹塑性阶段，屈曲约束支撑可采用双线性滞回模型[15-18]（图 6-19）。

本项目所用屈曲约束支撑性能参数见表 6-3，其中芯材所用材料均为 Q235 级钢材。

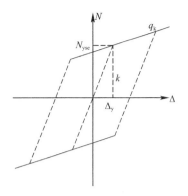

图 6-19　屈曲约束支撑滞回模型

屈曲约束支撑参数　　　　　　表 6-3

支撑编号	设计承载力 N_b(kN)	屈服承载力 N_{by}(kN)	极限承载力 N_{bu}(kN)	初始刚度（kN/m）
BRB1	450	500	937.5	69100
BRB2	630	700	1312.5	82000

采用 ETABS-2019 有限元分析软件对主体结构进行多遇地震工况下弹性分析和罕遇地震工况下时程分析。在有限元分析计算中，支撑与梁柱连接节点及框架梁端节点设为理想铰接节点，预制柱柱脚为刚接。框架梁、柱均采用"框架单元"，楼板采用"薄板单元"，真实输入楼板厚度，按弹性板考虑。在各层预制柱上下段位置设置一个轴力弯矩铰（P-M2-M3 铰），在预制梁跨中位置设置一个弯矩铰（M3 铰）。屈曲约束支撑在弹性阶段采用等截面矩形钢支撑截面，弹塑性阶段屈曲约束支撑采用 WEN 模型模拟，屈服后刚度比为 0.05，屈服指数为 10。

分析高性能装配式混凝土铰接框架结构体系抗震性能时，考虑到结构刚度主要由屈曲约束支撑提供，铰接框架结构对整体抗侧刚度贡献可以忽略，弹性阶段结构阻尼比取 0.035，弹塑性阶段结构阻尼比取 0.05。

项目所在地场地类型为 Ⅱ 类，地震分组为第二组，根据规范[19]规定选取两条天然波和一条人工波，分别为天然波一（TRB1）：Big Bear-01 _ NO _ 940，Tg（0.33）；天然波二（TRB2）：Irpinia，Italy-01 _ NO _ 283，Tg（0.37）；人工波（RGB）：ArtWave-RH2TG035，Tg（0.35）。采用主、次波的方式考虑双向地震作用，即 X 向地震输入为 EX+0.85EY，Y 向地震输入为 EY+0.85EX，同时将地震波的有效峰值加速度调整为 220cm/s²，地震波持续时间不少于 20s，计算时间间隔为 0.02s。地震波主方向加速度时程曲线见图 6-20。

1. 多遇地震弹性分析

（1）自振特性

前 3 阶周期见表 6-4。第 1 阶模态主要沿 Y 向（短向）振动，第 2 阶模态主要沿 X 向（长向）振动，第 3 阶模态变为整体扭转。第一扭转周期与第一平动周期的比值为 0.77<0.9，满足规范要求。

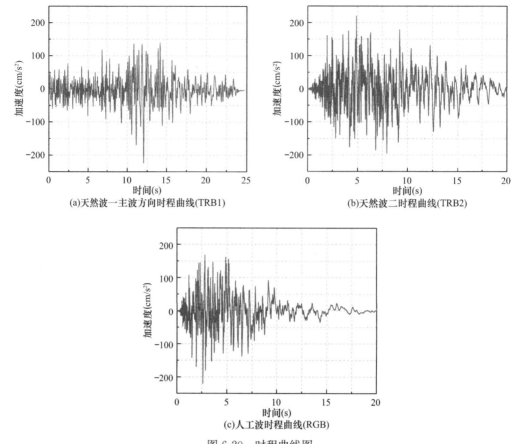

(a)天然波一主波方向时程曲线(TRB1)　　　　　　(b)天然波二时程曲线(TRB2)

(c)人工波时程曲线(RGB)

图 6-20　时程曲线图

结构自振信息表　　　　　　　　　　　　　　　　　　　表 6-4

模态	周期（s）	U_x（%）	U_y（%）	R_z（%）
1	1.631	0.177	0.739	0.084
2	1.613	0.822	0.169	0.009
3	1.251	0.023	0.223	0.754

（2）层间位移反应

在 X 向、Y 向多遇地震与风荷载作用下，结构主要标高楼层位置的层间位移角见图 6-21。

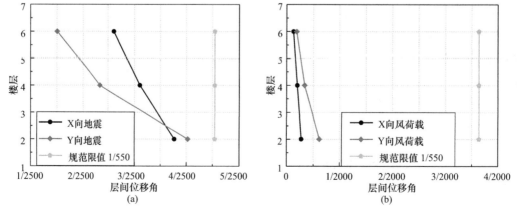

图 6-21　多遇地震与风荷载作用下结构层间位移角图

在考虑偶然偏心的 X 向、Y 向地震作用下，结构主要标高楼层位置的扭转位移比见表 6-5。

结构扭转位移比表   表 6-5

主要楼层	标高（m）	扭转位移比	
		X 向	Y 向
6	21.000	1.01	1.23
4	15.000	1.01	1.07
2	7.000	1.01	1.07

从图 6-21 和表 6-5 可知，铰接框架结构在结构合适部位 X 向和 Y 向设置屈曲约束支撑后，结构有合适的刚度。多遇地震和风荷载作用下，结构最大层间位移角分别为 1/621 和 1/3260，均小于规范要求的 1/550 要求。扭转位移比最大值为 1.23，结构扭转不规则，但仍满足规范不大于 1.5 的限值。

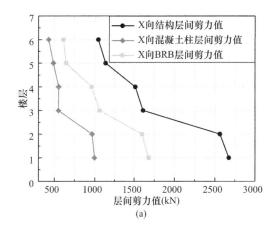 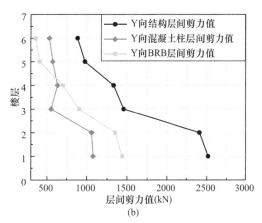

图 6-22　结构层间剪力值图

图 6-22 为双向地震作用下结构各楼层总剪力值，X 向、Y 向框架柱及屈曲约束支撑各自承受的楼层剪力值。从图 6-22（a）中可知，地震荷载作用下，结构 X 向框架柱承受的剪力值均小于屈曲约束支撑承受的剪力值，各楼层框架柱承受的剪力值在 36%～43% 之间；从图 6-22（b）中可知，结构 Y 向 1～4 层框架柱承受的剪力值小于屈曲约束支撑承受的楼层剪力值，各楼层框架柱承受剪力值约占总剪力值的 42%～47%，而 5～6 层框架柱承受剪力值大于屈曲约束支撑承受的楼层剪力值，约占楼层总剪力值的 59%，这是由于布置在结构 Y 向 5～6 层的屈曲支撑在 11～14 轴间出现跃层而刚度减小导致。文献 [20] 提出了支撑铰接框架结构抗侧刚度的简化计算公式，并忽略了铰接跨对结构抗侧刚度的影响；文献 [14] 认为铰支撑接框架结构楼层剪力大部分由支撑承担。本项目从结构双向楼层剪力分配情况来看，支撑-铰接框架结构体系中支撑的布置方式和数量对支撑与框架柱在结构楼层剪力上的分配具有明显的影响。

（3）层间刚度

本项目各楼层面积及荷载分布差异较大，主要荷载分布楼层在 2 层、4 层和 6 层，其余 1 层、3 层、5 层的均为楼、电梯间，荷载及面积均较小，在楼层侧向刚度比计算时不单独计算楼、电梯间层。本文统计了各楼层框架柱、屈曲约束支撑及楼层总侧向刚度分布情况，如表6-5和图6-23（a）所示。同时计算了主要楼层侧向刚度比：2层与4层的侧向刚度比为1层与2层侧向刚度的和与3层与4层侧向刚度之和的比值；4层与6层的侧向刚度比为3层与4层侧向刚度的和与5层与6层侧向刚度之和的比值，结果见图6-23（c）。

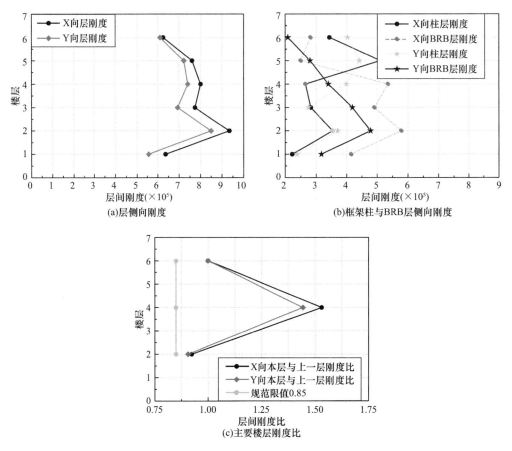

图6-23 结构侧向层刚度与刚度比

铰接框架结构（柱底刚接）框架部分刚度较小，约为支撑铰接框架结构的1/10～1/20，约为铰接框架结构中框架部分侧向刚度的1/4～1/10。加上支撑后铰接框架抗侧刚度增加明显，同时对铰接框架部分的抗侧刚度也有较大提高，同时应注意支撑的布置对整个结构及各部分刚度的影响较大，当支撑失效后整个结构体系的刚度会大幅减小。从图6-23（a）可知，各楼层侧向刚度变化较大，其中楼、电梯间楼层侧向刚度存在突变情况。将楼电梯间楼层刚度与其相邻上一层主要楼层刚度合并后，主要楼层侧向刚度比最小值为0.92，能满足规范[19]不小于0.85的要求。

2. 动力弹塑性时程分析

为了解本项目在罕遇地震作用下的层间位移角、屈曲约束支撑耗能能力和主体结构塑性铰发展情况，采用有限元软件对项目进行了选定地震波下的弹塑性时程分析。

（1）层间位移反应

在天然波和人工波作用下，结构在 X、Y 向各主要楼层层间位移角变化见图 6-24。按规范取三条波的包络值，结构 X 向及 Y 向层间位移角最大值均在第 2 层，其中 X 向层间位移角为 1/113，Y 向层间位移角为 1/85。根据计算结果，罕遇地震作用下，结构 X 向、Y 向层间位移角均小于规范限值 1/50 的要求。按照规范[18]规定，罕遇地震作用下结构 2 层以上楼层变形处于弹性变形限值的 4 倍以内，结构中等破坏，加固后可继续使用，可满足抗震性能的相关要求。2 层以下楼层层间位移角虽大于 4 倍弹性层间位移角，但根据主体结构塑性铰发展情况（图 6-25），结构主体结构构件仍处于弹性工作状态。

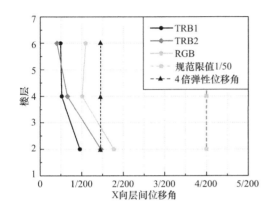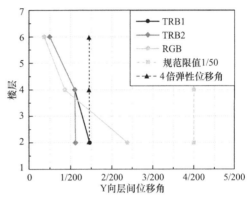

图 6-24　罕遇地震作用下结构层间位移角

（2）塑性出铰机制

表 6-6 为三条地震波作用下结构基底剪力值，从表中可知人工波为地震作用不利情况，选取人工波作用下结构塑性铰发展情况。随着时间的变化，结构少量梁和柱出现了塑性铰，其中 7m 标高平台上的框架梁在加载初期便出现了塑性铰，这与构件在初始荷载工况（恒载＋0.5×活载）下的配筋有关；另外该标高平台的框架柱上端出现了塑性铰，而柱脚并没有出现塑性铰，且塑性铰最终维持在"B 状态"而没有继续发展。FEMA-356 建议的标准四折线骨架曲线中 B 代表屈服点，变形超过 B 后铰开始有塑性变形。这可能与框架柱处框架梁截面有关，这些框架梁的截面较大（650mm×1600mm）。主体结构其他部分构件没有出现塑性铰。主体结构损伤很小，符合预期目标。

罕遇地震作用下结构基底剪力表　　　　　　　　　　　表 6-6

作用方向	多遇地震	TRB1	TRB2	RGB
X	2674	5975（1∶2.2）	6301（1∶2.4）	7317（1∶2.7）
Y	2514	4795（1∶1.9）	6124（1∶2.5）	6475（1∶2.6）

（3）屈曲约束支撑滞回性能

布置在结构双向的屈曲约束支撑按不同标高范围内的最大变形滞回曲线结果见图 6-26。结构下部（7m 标高范围）X 向布置的屈曲约束支撑滞回曲线饱满，耗能明显，其中最大轴向变形量 19.8mm，小于屈曲约束支撑变形限值 6700/150mm 要求；

最大轴力为 524kN，大于屈曲约束支撑屈服承载力 500kN 限值，说明其已进入屈服状态但未破坏。X 向中部楼层和上部楼层屈曲约束支撑变形和内力逐步减小；Y 向屈曲约束支撑最大轴向变形同样出现在 7m 标高范围内，其最大变形量为 35.5mm，小于屈曲约束支撑变形限值 5800/150mm 要求；最大轴力为 810kN，大于屈曲约束支撑屈服承载力 700kN 限值，已进入屈服状态但未破坏。结构呈现剪切变形特性，符合框架结构受力特点。

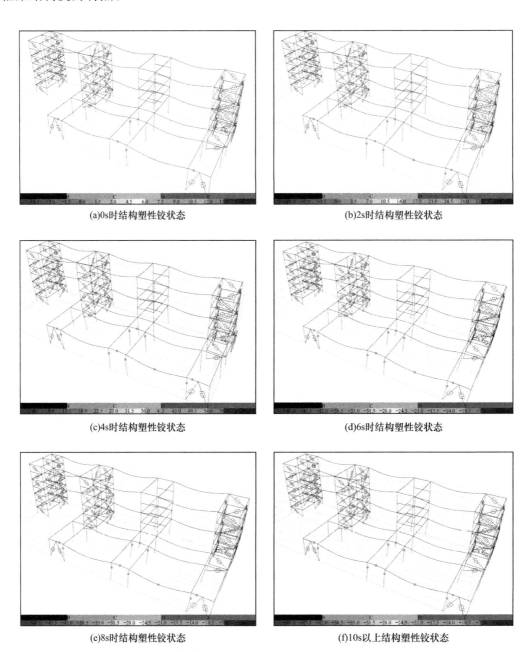

(a)0s时结构塑性铰状态

(b)2s时结构塑性铰状态

(c)4s时结构塑性铰状态

(d)6s时结构塑性铰状态

(e)8s时结构塑性铰状态

(f)10s以上结构塑性铰状态

图 6-25　罕遇地震作用下结构塑性铰状态

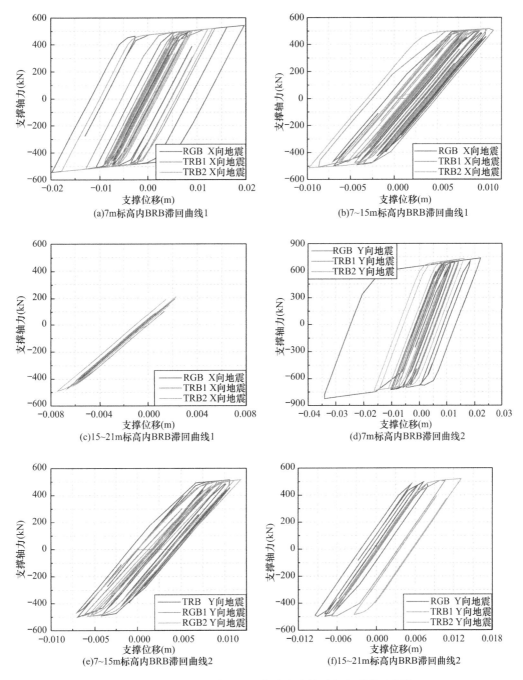

图 6-26　罕遇地震作用下屈曲约束支撑最大变形滞回曲线

6.2.3　预制构件

本项目主体框架采用全干式连接预制混凝土框架＋高性能支撑结构体系，办公和住宿区采用模块化钢结构体系，以达到满足功能一体化、系统化的要求。主要预制构件包括：预制柱、预制叠合板、预制叠合梁、预制双 T 板等，见图 6-27。

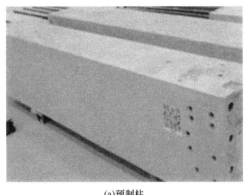

(a)预制柱

(b)预制叠合板

(c)预制叠合梁

(d)预制双T板

图 6-27　预制构件

6.3　施工关键技术

6.3.1　施工方案概述

本项目主体框架采用全干式连接预制混凝土框架＋高性能支撑结构体系，办公和住宿区采用模块化钢结构体系。本工程预制构件共有 195 种规格，其中梁构件有 105 种规格，柱构件有 60 种规格，叠合板构件共 26 种规格，双 T 板共 4 种规格，共计 608 根预制构件。本工程双 T 板存于 6.9m 标高、中部连廊以及屋面标高处，其余部分均采用叠合板进行施工。

本工程施工主要有以下难点：

（1）本工程预制梁最大跨度为 18.24m，单个构件重量重，最重构件重量超过 30t，国内相关吊装经验少、施工难度很大。

（2）本工程预制柱采用柱内预埋套筒连接钢筋的方式与结构形成整体，柱底插筋的定位精度要求高。

（3）由于本项目首层预制柱高度为 5.73m，同时由于本工程 7～14 轴 17.4m 处无叠合板供上部预制柱固定，高空安装过程中预制柱的垂直度控制工作难度大。

（4）屈曲约束支撑钢构件拼装精度要求高，钢结构防火涂料涂装量较大。

（5）钢结构工程的现场安装均为高空作业，垂直度和标高的控制、吊装变形的控制对施工质量的影响很大。

本项目构件分布图见图 6-28。

图 6-28　预制构件分布图

6.3.2　主体结构施工技术

1. 超长超重预制构件安装

（1）施工单位提前与设计进行沟通，提前确认吊装过程中最不利吊装点，做好吊点位置深化工作，同时会同 PC 生产单位增加底部受力钢筋，以防止构件变形严重。

（2）及时沟通设计及 PC 深化生产单位在梁柱交接位置设置混凝土牛腿，并增加临时牛腿保证安装过程中的稳定。对于未能增加牛腿部分，本项目采用搭设临时支撑的方式配合吊装施工。

（3）对于构件重量超过 30t 构件，提前联系设计单位增加两边柱侧的混凝土牛腿，同时在混凝土牛腿三边设置钢牛腿临时加固，防止构件在施工过程中出现移位导致结构失稳。

（4）联系有类似施工经验的施工单位进场施工，并与其进行多次沟通，确保施工方案的可行性。

（5）对预制构件的安装，本工程拟安排专人进行旁站并录制视频存档，用以应对施工过程中出现各种突发问题（图 6-29）。

(a)双T板安装   (b)预制梁安装

图 6-29　预制构件安装

2. 预制柱基础插筋安装

（1）安排专业的测量人员对钢筋位置进行精确放线定位，在柱边 300mm 处放好柱筋定位控制线。

（2）为保证底部插筋定位准确，要求严格检查每根定位筋的偏差情况，待定位筋偏差满足设计及安装要求后，在定位筋出承台部分上下焊接两块 20mm 厚纵向钢筋定位板，同时定位筋在承台内部分焊接两块定位板，用以防止混凝土浇筑过程中钢筋发生偏位。

图 6-30　预制柱基础插筋

（3）混凝土浇筑完成后，采用同批次生产的定位板进行钢筋位置的复核工作，若钢筋出现较明显的偏差，将钢筋位置周围的混凝土下凿约 50mm 深，以便钢筋进行位置的微调，保证预制柱能够准确落位安装，见图 6-30。

3. 预制柱垂直度保证

（1）预制柱安装前，需要根据轴线控制点利用经纬仪将预制柱列轴线投测到基础顶面作为定位轴线，并在柱墩顶面弹出中心线作为定位轴线的标志。

（2）在预制柱吊装前，需要在每根柱子的柱身的三个侧面上弹出柱中心线，每一面分上、中、下三点做出标志，方便安装时校正。

（3）预制柱安装过程中，在偏离安装柱子中心线 3m 或 6°以内架设测量仪器，随时进行预制柱的垂直度的监测工作。

（4）在预制柱安装过程中，待预制柱预埋套筒与预留插筋连接完毕后，在吊车未松钩前在预制柱四个面插入 8 个楔子，每个面设置两个，用大锤轻敲，先对小面中线，再对大面轴线，并锤打牢固，再采用塑料或钢垫块垫高预制柱柱脚，逐步调整至符合要求，最后采用灌浆料灌实。

（5）由于本工程综合楼 7～14 轴 17.4m 处无叠合板供上部柱子固定，本工程拟采用如下做法完成柱子固定以及垂直度调整工作。

1）第一步：先吊装两根相邻的预制柱构件，并分别在两柱子两侧设置缆风绳拉紧，保证柱子不倒塌。

2）第二步：完成两根预制柱之间临时连接的安装工作。

3）第三步：在预制柱柱脚采用液压千斤顶，完成预制柱的调平工作，并塞入楔子以及塑料垫片。

4）第四步：使用临时连接端口处的螺丝杆进行预制柱的微调工作，待测量垂直度合格后，收紧缆风绳底部的手拉葫芦，保证柱子的稳定（图 6-31）。

图 6-31　预制柱的安装

6.3.3　屈曲约束支撑施工技术

本工程采用屈曲约束支撑作为主体结构耗能构件。因此，屈曲约束支撑的安装质量对结构的安全有至关重要的影响。项目施工单位在建研股份有限公司和广州大学的技术支持下，进行屈曲约束支撑安装。

（1）构件进场严格按现场安装分区要求分批进场，构件卸车时，必须对构件进行临时支撑，确保构件稳定。同时要求卸货人员合理安排堆放场地，以节省卸货时间。运送构件时，轻抬轻放，不可拖拉，以免将表面划伤。

（2）进场构件验收要点：①检查构件出厂合格证、材料试验报告、板材质量证明等随车资料；②检查进场构件外观，主要内容有构件摩擦面破损与变形、构件表面锈蚀等。若有问题，应及时组织有关人员制定返修工艺，进行修理。

（3）构件安装工艺流程见图 6-32。

由于本工程结构的特殊性，产品的安装需要紧跟主体结构的进度，需要在上面一层楼面浇筑之前将下面一层的产品全部吊装到位，构件采用现场塔吊吊至安装位置，再施焊进行紧固。

图 6-32　防屈曲约束支撑安装流程

根据本工程的结构形式，该 BRB 的安装工艺流程为：

测量（轴线）就位准备—支撑牛腿安装（焊接）—测量屈曲约束支撑安装长度—吊装屈曲约束支撑—节点板与防屈曲连接（焊接）—支撑的刷漆。

1）安装前的准备：

① 办好施工场地的移交手续。

② 建造好各项施工临时配合设施。

③ 现场测控网的布设要合理，进场后由发包方交出后，立即进行复测定位。

④ 施工物质及各种大中小型机具进场。

⑤ 材料的准备。

⑥ 施工设备的准备（安装前检查施工设备的完好情况，确保设备在施工中能正常运转）。

⑦ 组织学习会审图纸并进行技术交底，有问题及时与发包单位、设计单位联系解决。

⑧ 对工程现状、周围环境进行了解等。

支撑结构安装前应按其构件的明细表核对构件的材质、规格以及外观质量，查验零部件的技术文件（合格证、检验试验报告以及设计文件要求、结构试验结果的文件）。所有屈曲约束支撑构件必须经过质量和数量检查，应全部符合要求，并经办理验收、签字手续后，方可继续安装。

对于制作中遗留的缺陷和运输中产生的变形，均应矫正无误后才能安装。支撑构件在吊装前应将表面的各种污点诸如油污、泥砂和灰尘等逐一清除干净。

本工程吊装计划采用现场的垂直运输设备进行吊装，支撑构件运输均采用汽车运输。现场加工所需的小型机具均已经准备到位。支撑构件的堆放场地应平整坚实、无积水，堆放构件下应铺设垫木。堆放的构件按种类、型号和安装顺序编号分区放置。

2) 支撑钢牛腿安装：

支撑钢牛腿的安装施工是第一步，先将预制柱预埋钢板用砂轮打磨干净，再定位放线，待楼层具备作业面条件后进行钢牛腿安装，钢牛腿横板和竖腹板采用坡口全熔透焊接。屈曲约束支撑钢牛腿连接节点，见图 6-33。

3) 屈曲约束支撑的吊装：

本工程采用现场垂直运输的塔吊吊到安装楼层，再用手动或者电动葫芦精确吊装到位，安装时应从底到高，逐层进行。本工程吊装时采用多吊点。起吊和平移应缓慢。

起吊过程中应做好以下各环节的工作：①找准起吊点；②构件的捆绑要合理；③起吊必须平稳；④起吊信号应统一、联络信号清晰可靠；⑤落地处用垫木进行缓冲；⑥落地后确保平稳放置；⑦禁止酒后或者其他严禁作业的情况发生（图 6-34）。

图 6-33 连接防屈曲约束支撑钢牛腿

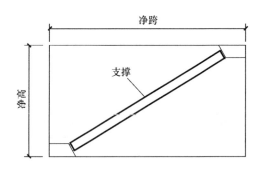

图 6-34 安装完成示意图

4) 支撑构件（屈曲约束支撑）刷漆：

支撑构件（屈曲约束支撑）在工厂已刷好底漆，支撑构件安装合格后，首先对在现场焊接的焊缝及周围进行除锈，除锈合格经认可后，刷底漆。支撑构件（屈曲约束支撑）在刷面漆之前，应全面检查，对在运输或安装过程中油漆损坏部位进行修补，同时在刷面漆之前，应用棉纱头清理支撑构件表面的油污和灰尘等（图 6-35）。

图 6-35 防屈曲约束支撑安装现场

第7章 上海第六人民医院骨科临床诊疗中心（南楼）

7.1 项目简介

7.1.1 基本信息

(1) 项目名称：上海第六人民医院骨科临床诊疗中心（南楼）；
(2) 项目地点：上海市徐汇区，宜山路 600 号；
(3) 建设单位：上海市第六人民医院；
(4) 设计单位：上海建筑设计研究院有限公司；
(5) 进展情况：下部结构施工阶段。

7.1.2 项目概况

上海市第六人民医院为三级甲等综合性医院。本项目位于上海市徐汇区，宜山路 600 号，上海市第六人民医院院区内西侧。地块西临柳州路，东临院区中心花园，总用地面积 86168m²。新增住院床位 200 张，年门诊量达 80 万人次。

上海第六人民医院骨科临床诊疗中心包含医技科研教学综合楼（北楼）和住院楼（南楼）两个部分，地上建设面积 63998m²，地下建筑面积 39930m²，总建筑面积 103928m²。

医院由 13 层的医技科研教学综合楼和 15 层住院楼两主楼（包括三层的地下室）组成，建筑高度不超过 60m（不包括屋顶装饰构架高度）。地下室 3 层，地下三层结构标高 −19.0m。建筑总平面图见图 7-1，建筑效果见图 7-2。

图 7-1 建筑总平面图　　　　　　　　　图 7-2 总体效果图

7.2 设计关键技术

7.2.1 主结构设计

本项目主体结构共 15 层，首层层高为 5.2m，顶层为 3.55m，标准层高为 4m，结构总高度为 57.20m。采用工业化建筑钢结构自立式消能减震墙体系，由钢框架和无屈曲波纹钢板墙组成，见图 7-3。其中，竖向承重构件由钢柱组成，结构内部布置的无屈曲波纹钢板墙形成整体抗侧力体系，水平承重体系由钢梁和闭口压型钢板组合楼盖构成，其整体性好、刚度大且承载力高，见图 7-4。

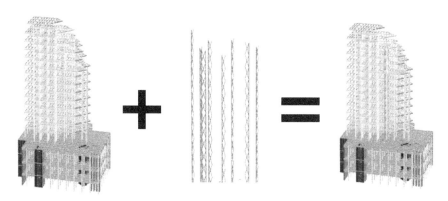

图 7-3　主次结构示意图

图 7-4　主结构的构成

无屈曲波纹钢板墙为结构提供抗侧和抗扭刚度，提高结构的抗震性能[21-27]，由于建筑功能限值，结构抗侧力构件设计时不能很好地实现均匀、分散的布置，从而导致结构扭转效应明显。支撑方案影响门窗洞口的开设，为满足建筑和结构的双重需求，采用自立式无屈曲波纹钢板墙的减震方案，自立式钢板墙结构中无屈曲波纹钢板墙见图7-5，其整体布置见图7-6。

图7-5　无屈曲波纹钢板墙照片

7.2.2　自立式无屈曲波纹钢板墙设计

无屈曲波纹钢板墙由波纹钢板和边缘构件所组成，见图7-7[28]。

小震下，无屈曲波纹钢板墙为结构提供抗侧刚度，为模拟该刚度采用等效斜撑模型[29]，见图7-8。

中大震下，无屈曲波纹钢板墙开始进入塑性，为模拟无屈曲波纹钢板墙耗能特性，采用四节点剪切单元，见图7-9。

无屈曲波纹钢板墙的设计流程见图7-10。

其中，无屈曲波纹钢板墙的性能参数设计方法[21]，包括屈服承载力、抗侧刚度等可如下得到，也可直接查询规格表7-1得到。

（1）屈服承载力

无屈曲钢板剪力墙的波纹钢板上剪应力分布均匀，屈服承载力可按式（7-1）计算：

$$Q_y = \eta f t_w a_w \tag{7-1}$$

式中，Q_y 为无屈曲钢板剪力墙的屈服承载力；t_w 为波纹钢板厚度；a_w 为波纹钢板宽度；f 为波纹钢板钢材的剪切强度设计值；η 为波纹钢板钢材的超强系数：对于 LY225 钢材，η 可取为 1.10；对于 Q235 钢材，η 可取为 1.25。

（2）抗侧刚度

在水平力作用下，无屈曲钢板剪力墙的变形主要有：①剪切变形；②扭转变形；③弯曲变形，因此，其抗侧刚度可按式（7-2）计算：

$$K = \cfrac{1}{n\left(\cfrac{1}{K_s} + \cfrac{1}{K_d}\right) + \cfrac{1}{K_m}} \tag{7-2}$$

式中，K_s、K_d 分别为单波的抗剪刚度和抗扭刚度；K_m 为整体抗弯刚度；n 为单波数量。

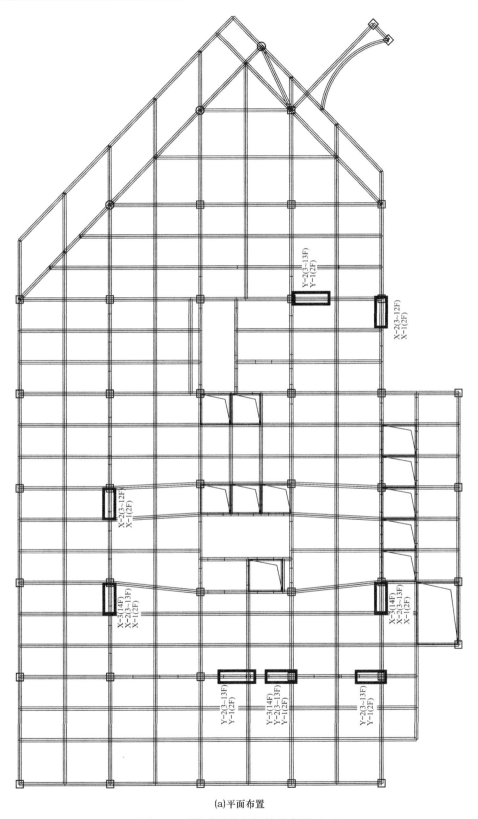

(a)平面布置

图 7-6　无屈曲波纹钢板墙的布置（一）

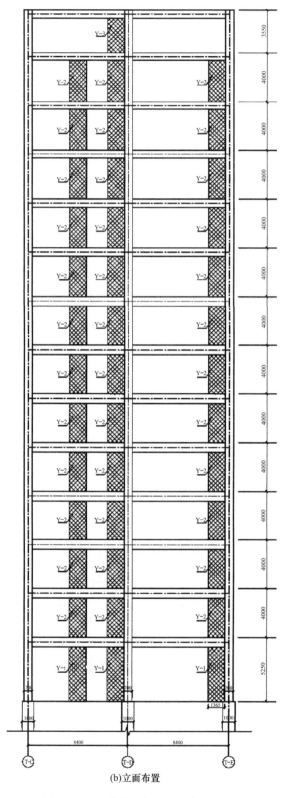

(b)立面布置

图 7-6 无屈曲波纹钢板墙的布置（二）

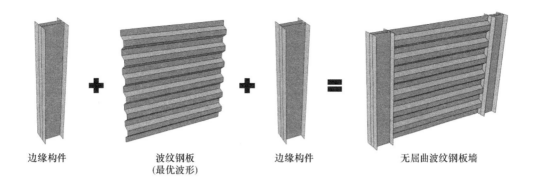

边缘构件　　　　波纹钢板　　　　边缘构件　　　　无屈曲波纹钢板墙
　　　　　　　（最优波形）

图 7-7　无屈曲波纹钢板墙的构造

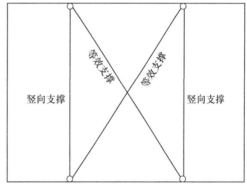

图 7-8　等效交叉支撑模型

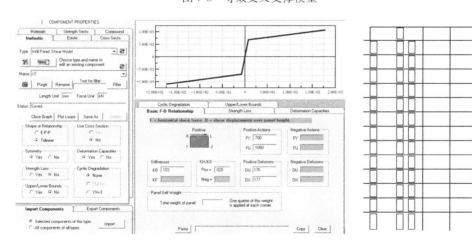

图 7-9　无屈曲波纹钢板墙的本构关系

单波的抗剪刚度 K_s 可由式（7-3）计算：

$$K_s = \frac{Et_w a_w}{4a_1(1+\upsilon)(1+\cos\theta)} \tag{7-3}$$

式中，υ 为泊松比；E 为钢材弹性模量；a_1 为水平段及斜向段长度；θ 为波折角度。波形参数见图 7-11。

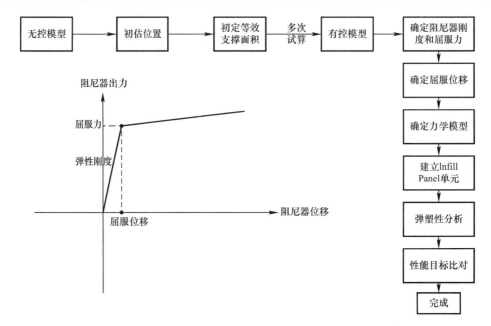

图 7-10　无屈曲波纹钢板墙的设计流程

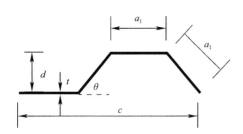

图 7-11　波形参数示意图

单波的抗扭刚度 K_d 可由式（7-4）、式（7-5）计算。

$$K_d = \frac{E t_w^3 a_w^3}{144 D d^3 a_1^2} \qquad (7\text{-}4)$$

$$D = \frac{a_1^2}{8 d a_1 (1 + \cos\theta)} \qquad (7\text{-}5)$$

式中，d 为波折高度，见图 7-11。

无屈曲钢板剪力墙整体的弯曲刚度可由式（7-6）计算：

$$K_m = \frac{12EI}{h_w^3} \qquad (7\text{-}6)$$

无屈曲钢板剪力墙规格　　　　　表 7-1

型号	波纹钢板宽（mm）	墙高（mm）	板厚（mm）	屈服承载力（kN）	抗侧刚度
NCW-225-1719-1500-1100	1100	1500	12	1719	198
NCW-225-1719-2100-1100	1100	2100	12	1719	142
NCW-225-1719-2400-1100	1100	2400	12	1719	124
NCW-225-1719-3000-1100	1100	3000	12	1719	99
NCW-225-1719-3600-1100	1100	3600	12	1719	83
NCW-225-1719-3900-1100	1100	3900	12	1719	76
NCW-225-1719-4200-1100	1100	4200	12	1719	71
NCW-225-1719-4500-1100	1100	4500	12	1719	66
NCW-225-1719-4800-1100	1100	4800	12	1719	62
NCW-225-2005-1500-1100	1100	1500	14	2005	286
NCW-225-2005-2100-1100	1100	2100	14	2005	204
NCW-225-2005-2400-1100	1100	2400	14	2005	179
NCW-225-2005-3000-1100	1100	3000	14	2005	143

续表

型号	波纹钢板宽（mm）	墙高（mm）	板厚（mm）	屈服承载力（kN）	抗侧刚度
NCW-225-2005-3600-1100	1100	3600	14	2005	119
NCW-225-2005-3900-1100	1100	3900	14	2005	110
NCW-225-2005-4200-1100	1100	4200	14	2005	102
NCW-225-2005-4500-1100	1100	4500	14	2005	95
NCW-225-2005-4800-1100	1100	4800	14	2005	90
NCW-225-2291-1500-1100	1100	1500	16	2291	385
NCW-225-2291-2100-1100	1100	2100	16	2291	275
NCW-225-2291-2400-1100	1100	2400	16	2291	241
NCW-225-2291-3000-1100	1100	3000	16	2291	193
NCW-225-2291-3600-1100	1100	3600	16	2291	160
NCW-225-2291-3900-1100	1100	3900	16	2291	148
NCW-225-2291-4200-1100	1100	4200	16	2291	138
NCW-225-2291-4500-1100	1100	4500	16	2291	128
NCW-225-2291-4800-1100	1100	4800	16	2291	121
NCW-225-2655-1500-1700	1700	1500	12	2656	525
NCW-225-2655-2100-1700	1700	2100	12	2656	375
NCW-225-2655-2400-1700	1700	2400	12	2656	328
NCW-225-2655-3000-1700	1700	3000	12	2656	263
NCW-225-2655-3600-1700	1700	3600	12	2656	219
NCW-225-2655-3900-1700	1700	3900	12	2656	202
NCW-225-2655-4200-1700	1700	4200	12	2656	188
NCW-225-2655-4500-1700	1700	4500	12	2656	175
NCW-225-2655-4800-1700	1700	4800	12	2656	164
NCW-225-3099-1500-1700	1700	1500	14	3099	709
NCW-225-3099-2100-1700	1700	2100	14	3099	506
NCW-225-3099-2400-1700	1700	2400	14	3099	443
NCW-225-3099-3000-1700	1700	3000	14	3099	355
NCW-225-3099-3600-1700	1700	3600	14	3099	295
NCW-225-3099-3900-1700	1700	3900	14	3099	273
NCW-225-3099-4200-1700	1700	4200	14	3099	253
NCW-225-3099-4500-1700	1700	4500	14	3099	236
NCW-225-3099-4800-1700	1700	4800	14	3099	222
NCW-225-3541-1500-1700	1700	1500	16	3541	902
NCW-225-3541-2100-1700	1700	2100	16	3541	645
NCW-225-3541-2400-1700	1700	2400	16	3541	564
NCW-225-3541-3000-1700	1700	3000	16	3541	451
NCW-225-3541-3600-1700	1700	3600	16	3541	376
NCW-225-3541-3900-1700	1700	3900	16	3541	347
NCW-225-3541-4200-1700	1700	4200	16	3541	323
NCW-225-3541-4500-1700	1700	4500	16	3541	301
NCW-225-3541-4800-1700	1700	4800	16	3541	282

注：1. 无屈曲钢板剪力墙编号以 NCW-225-1719-3000-1100 为例，表示波纹钢板采用 LY225 钢材，屈服承载力为
　　　1719kN，无屈曲钢板剪力墙高 3000mm，波纹钢板宽 1100mm；

　　2. 当墙高的参数与表中参数不一致时可进行内插；

　　3. 当超出表格参数范围时，无屈曲钢板剪力墙应进行定制设计。

7.2.3 结构设计指标

1. 地震波选用

选取《上海市建筑抗震设计规程》[30]中三条地震波进行弹塑性时程分析，SHW10和SHW13为天然波，SHW8为人工波，分析时间取前50s，考虑双向地震组合作用，分别以X、Y向为主方向进行分析，地震加速度时程最大值按规范取值200cm/s²调幅，按1（主向）：0.85（次向）的比例调整。

2. 计算结果

表7-2中列出大震弹塑性分析各组波整体结构计算结果。

计算结果汇总 表7-2

参数	X向计算结果			Y向计算结果		
	SHW8	SHW10	SHW13	SHW8	SHW10	SHW13
大震弹塑性基底剪力（kN）	43412	45773	52372	47030	37661	39417
小震反应谱基底剪力（kN）	11909			11151		
大震弹塑性/小震反应谱	3.6	3.8	4.4	4.2	3.4	3.5
大震最大层间位移角	1/120	1/138	1/153	1/111	1/143	1/100
层号	10	10	11	3	3	10

由表7-2可知，大震下时程分析基底剪力与小震下反应谱基底剪力比值3.4～4.4，说明通过增设自立式无屈曲波纹钢板墙，可有效耗散地震能量，减小结构的地震响应。大震作用下的各层X向层间位移角最大值为1/120，Y向层间位移角最大值为1/100，满足性能水准要求。大震弹塑性分析得到层剪力曲线见图7-12，各条波作用下层剪力曲线变化形式基本一致，层间位移角见图7-13。

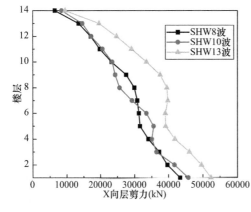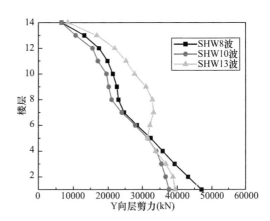

图7-12 层剪力曲线-大震

以SHW13为例，下面给出大震下弹性时程和弹塑性时程分析的基底剪力时程曲线和顶层位移时程曲线（图7-14、图7-15）。

由图7-14、图7-15计算结果可知：

（1）弹塑性分析的基底剪力峰值和顶点位移峰值均比弹性时程的有所减小，表明弹塑性分析中结构有构件进入屈服，减小了结构的刚度和地震作用的输入。

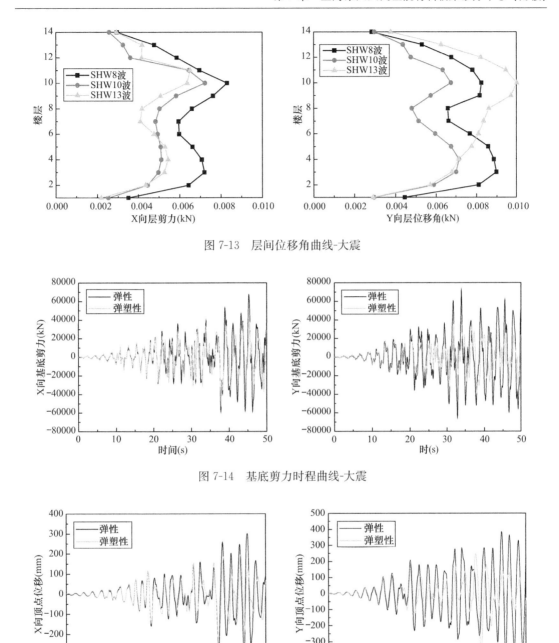

图 7-13　层间位移角曲线-大震

图 7-14　基底剪力时程曲线-大震

图 7-15　顶点位移时程曲线-大震

（2）加载前 30s，弹塑性时程分析曲线与弹性时程分析曲线基本重合，但加载 30s 后，弹塑性时程曲线逐渐延后于弹性时程的时程曲线，即弹塑性时程曲线晚于弹性时程曲线出现，表明结构的自振周期增大。

以 SHW13 为例，给出各种结构构件在大震作用下的损伤情况（图 7-16～图 7-22）。

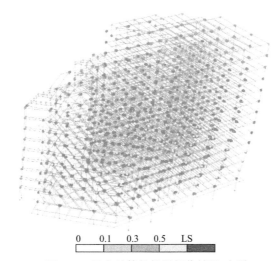

0   0.1   0.3   0.5   LS

图 7-16　X 向整体结构梁损伤情况-大震

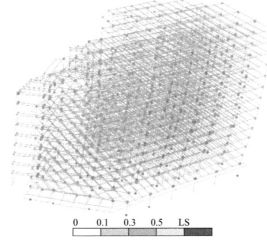

0   0.1   0.3   0.5   LS

图 7-17　X 向整体结构柱损伤情况-大震

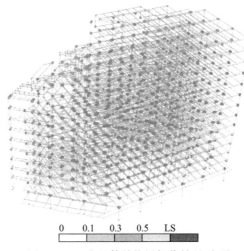

0   0.1   0.3   0.5   LS

图 7-18　Y 向整体结构梁损伤情况-大震

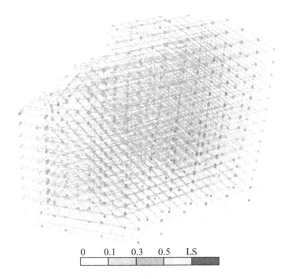

0　0.1　0.3　0.5　LS

图 7-19　Y 向整体结构柱损伤情况-大震

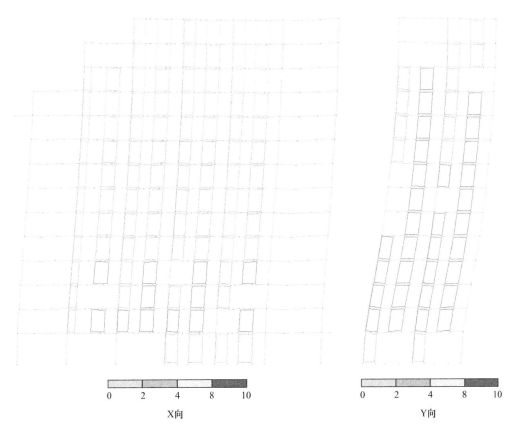

0　2　4　8　10
X向

0　2　4　8　10
Y向

图 7-20　自立式波纹钢板墙延性比

由上述分析结果可以看出：大震下，大部分梁出现轻度损坏或中度损坏（LS 以下）；更多的柱出现轻度损伤，小部分柱出现中度损伤（LS 以下）；子结构梁出现轻度损坏或中度损坏（LS 以下），子结构柱个别出现轻度损坏（IO 以下）；关键构件中，部分梁柱出现

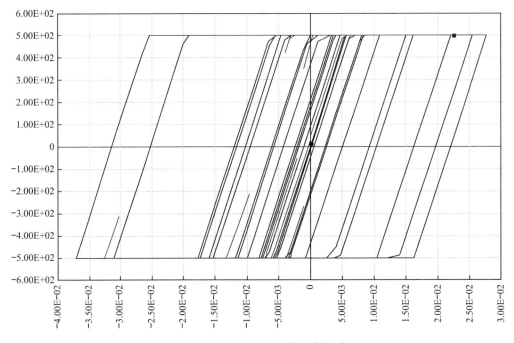

图 7-21　X 向波纹钢板墙滞回曲线-大震

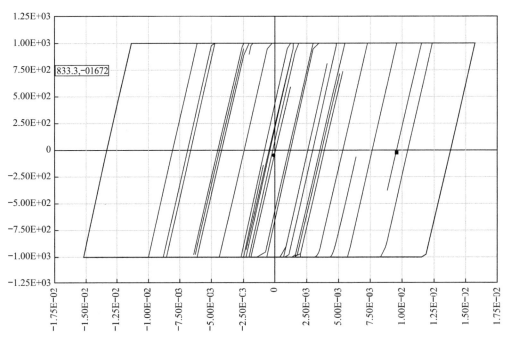

图 7-22　Y 向波纹钢板墙滞回曲线-大震

轻度损伤（IO 以下）。结构梁的塑性损伤重于柱的塑性损伤，满足"强柱弱梁"的设计准则。大震下波纹钢板墙可屈服耗能，滞回曲线更加饱满。以 SHW13 为例，给出结构在大震作用下的能量图（图 7-23～图 7-26）。

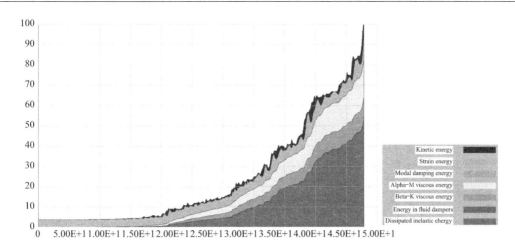

图 7-23　X 向结构能量图-大震

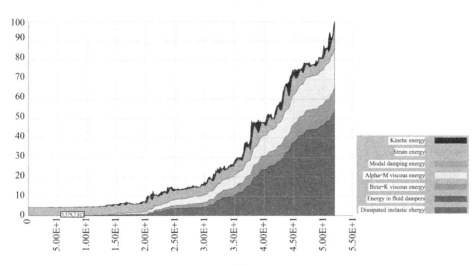

图 7-24　Y 向结构能量图-大震

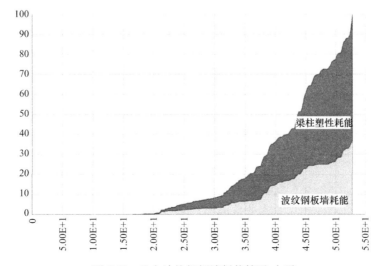

图 7-25　X 向波纹钢板墙耗能情况-大震

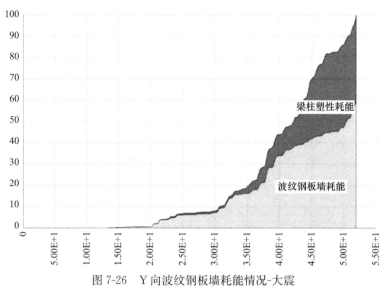

图 7-26　Y 向波纹钢板墙耗能情况-大震

根据结构能量图可知，大震下，通过自立式无屈曲波纹钢板墙耗能，结构 X 和 Y 方向最小的附加阻尼比为 2.5％和 2.6％，详细的附加阻尼比计算见表 7-3。

附加阻尼比计算-大震　　　　　　　　　　　　　　　　　　　　　表 7-3

方向	地震波	结构总能量 (kN·m)	结构固有阻尼耗能 (kN·m)	结构塑性耗能 (kN·m)	梁柱塑性耗能 (kN·m)	阻尼器耗能 (kN·m)	梁柱附加阻尼比（%）	阻尼器附加阻尼比（%）
X	SHW8	29040	8712	14810	7405	7405	2.6	2.6
	SHW10	17510	6129	8580	3432	5148	1.7	2.5
	SHW13	23730	8068	11153	3792	7361	1.4	2.7
Y	SHW8	25780	7992	13921	7100	6821	2.7	2.6
	SHW10	22660	7025	12236	4405	7831	1.9	3.3
	SHW13	24710	7660	9884	2372	7512	0.9	2.9

7.3　施工关键技术

7.3.1　施工方案概述

本项目采用装配式钢框架＋自立式无屈曲波纹钢板墙结构体系，主体结构主要由钢管混凝土柱、钢梁和叠合楼板组成。无屈曲波纹钢板墙主要布置在主结构的外侧，在主结构框架的外围和楼电梯间，且竖向通高布置。

主体结构钢框架的施工技术方案与一般钢结构基本相同，本节不做赘述，主要介绍自立式无屈曲波纹钢板墙本身的施工关键技术。

7.3.2　自立式无屈曲波纹钢板墙施工关键技术

自立式无屈曲波纹钢板墙由专业减隔震产品厂家负责加工、制作和安装，产品性能满足设计所提出的性能和尺寸要求，其施工关键技术主要包括以下几点：

1. 施工现场准备

（1）办好施工场地移交手续；

（2）建造各项施工临时设施；

（3）现场测控网布设，进场后由业主交出后，立即进行复测定位；

（4）施工物质及机具进场；

（5）材料准备；

（6）施工设备准备（安装前检查施工设备的完好情况，确保设备在施工中能正常运转）。

2．技术准备

（1）组织学习会审图纸进行技术交底，有问题及时与设计单位及产品供应商联系解决；

（2）对工程现状、周围环境进行了解。

3．劳动力组织

根据钢板墙安装需要，挑选责任心强、素质高、技术好、经验丰富的施工队伍，参加本工程的安装建设。

4．钢板墙的堆放

钢板墙到场前应清理出一块干净平整的地面，并在场地里放置一定数量的软木枋（软木枋用于垫钢板墙），且钢板墙不可重叠堆放，见图 7-27。

图 7-27　钢板墙堆放

5．钢板墙现场运输

（1）钢板墙的起吊

钢板墙作为成品构件在工厂加工时已设置有专用的吊耳（图 7-28），方便吊装，见图 7-29。

钢板墙应根据实际情况选择吊车。在具体操作中，工人需遵照起重工作规范进行，特别注意如下事项：

1）找准吊点；

2）捆绑合理；

3）起吊平稳；

图 7-28　钢板墙吊耳

4）起吊信号统一、联络清晰、可靠；

5）落地处用垫木缓冲；

6）落地后确保平稳；

7）酒后严禁作业。

图 7-29　钢板墙的实际吊装

（2）钢板墙现场就位

钢板墙的垂直运输（运至楼面）一般采用塔吊或汽车吊运输，待起吊至楼层高度后一般采用葫芦吊牵引至安装位置，钢板墙的运输就位见图 7-30。

图 7-30　钢板墙的运输就位

6. 无屈曲波纹钢板墙安装流程

安装流程及图示见图 7-31。

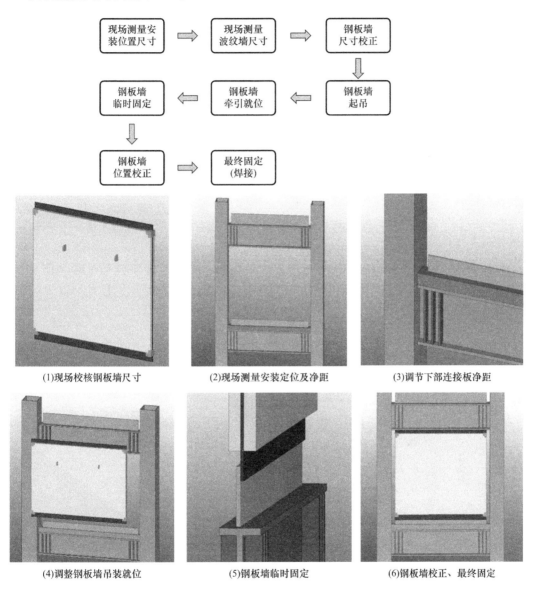

(1)现场校核钢板墙尺寸　　(2)现场测量安装定位及净距　　(3)调节下部连接板净距

(4)调整钢板墙吊装就位　　(5)钢板墙临时固定　　(6)钢板墙校正、最终固定

图 7-31　安装流程及图示

7.3.3　重难点分析及保证措施

（1）针对工期、预制构件运输、工程防裂缝和防渗漏、钢构件和混凝土构件的连接及施工交界面处理等难点分析可参考本书表 2-18，该表明确且全面地阐述了重难点及其相应保证措施。

（2）本节主要针对自立式无屈曲波纹钢板墙的施工技术进行重难点分析，以及提出相应的保证措施，对于无屈曲波纹钢板墙来说，保证其与主体框架之间的连接可靠性是本项目重点之一。一般来说，可采取下列措施：

　　1）焊接工艺评定应按现行国家标准《钢结构焊接规范》GB 50661[31]。

　　2）焊工应经过考试并取得合格证后方可从事焊接工作。合格证应注明施焊条件、有效期限。焊工停焊时间超过 6 个月，应重新考核。

　　3）焊接时，不得使用药皮脱落或焊芯生锈的焊条和受潮结块的焊剂及已熔烧过的渣壳。

　　4）焊丝使用前应清除油污、铁锈。

　　5）施焊前，焊工应复查焊件接头质量和焊区的处理情况。当不符合要求时，应经修整合格后方可施焊。

　　6）多层焊接宜连续施焊，每一层焊道焊完后应及时清理检查，清除缺陷后再焊。

　　7）焊缝出现裂纹时，焊工不得擅自处理，应查清原因，制订出修补工艺后方可处理。

　　8）焊缝同一部位的返修次数，不宜超过两次。当超过两次时，应按返修工艺进行。

　　9）焊接完毕，焊工应清理焊缝表面的熔渣及两侧的飞溅物，检查焊缝外观质量。检查合格后应在工艺规定的焊缝及部位打上焊工钢印。

　　10）碳素结构钢应在焊缝冷却到环境温度、低合金结构钢应在完成焊接 24h 以后，可进行焊缝探伤检验。

　　11）焊接接头内部缺陷分级应符合现行国家标准《焊缝无损检测 超声波检测 技术、检测等级和评定》GB/T 11345[32] 的规定，焊缝质量等级及缺陷分级应符合现行国家标准《钢结构焊接规范》GB 50661 的[31] 规定。

参 考 文 献

［1］ 陈麟，张耀春，邓雪松. 巨型钢结构［M］. 北京：科学出版社，2007.

［2］ 韦钰莹. 超高建筑主次结构力学性能及地震失效机理研究［D］哈尔滨：哈尔滨工业大学，2015.

［3］ 康谨之，王建，欧进萍. 防屈曲支撑巨型结构抗超大震性能分析与设计［J］. 防灾减灾工程学报，2015，35（6）：814-821.

［4］ 中华人民共和国住房和城乡建设部. JGJ 138—2016 组合结构设计规范［S］. 北京：中国建筑工业出版社，2016.

［5］ 中华人民共和国住房和城乡建设部. JGJ 99—2015 高层民用建筑钢结构技术规程［S］. 北京：中国建筑工业出版社，2015.

［6］ 金波. 高层钢结构设计计算实例［M］. 北京：中国建筑工业出版社，2018.

［7］ 任俊亮. 次框架加设支撑对巨型框架结构动力响应影响研究［D］. 邯郸：河北工程大学，2017.

［8］ 建筑抗震鉴定标准 GB 50023—2009［S］. 北京：中国建筑工业出版社，2009.

［9］ 房屋建筑综合安全性鉴定标准 DB 11/637—2015［S］. 北京：北京城建科技促进会，2015.

［10］ 李郡，宋瑞华. 高层装配整体预应力板柱结构的几个问题［J］工业建筑，1984，6：1-9.

［11］ 李郡. 摩擦耗能体系预应力板柱结构［J］. 工业建筑，1984，6：23-30.

［12］ 徐渭，戴国莹等. 设置剪力墙的整体预应力板柱结构抗震性能的研究［J］. 土木工程学报，1987，20（3）：20-29.

［13］ 高层建筑混凝土结构技术规程 JGJ 3—2010［S］. 北京：中国建筑工业出版社，2010.

［14］ 李国强，胡大柱，孙飞飞. 屈曲约束支撑铰接钢框架结构体系抗震性能［J］. 华中科技大学学报（自然科学版），2008，36（12）：120-124.

［15］ Yamag uchi M，Matsumoto Y Y. Full-sca le shaking table test of damage tolerant structure with a bucklingre strained brace［J］. Journal of Structural and Construction Engineering，2002，558：189-196.

［16］ 陈煜. 一字形截面防屈曲支撑的抗震性能研究［D］. 长沙：湖南大学土木工程学院，2006.

［17］ Mamoru I，Masatoshi M. Buckling-restrained braceusing steel nortar planks：performance evalua-tion as a hysteretic damper［J］. Earthquake Engineering &Structural Dynamics，2006，35（14）：1807-1826.

［18］ Sabellia R，Mahbins S，Chang c C. Seismic demands on steel braced frame buildings with bucklin-gre strained braces［J］. Engineering Structure s，2003，25（5）：655-666.

［19］ 建筑抗震设计规范 GB 50011—2010（2016 版）［S］. 北京：中国建筑工业出版社，2016.

［20］ 周学军，王周泰，郭强等. P-SFG 体系整体结构模型抗震性能分析［J］. 山东建筑大学学报，2018，（33）：1-6.

［21］ 金华建，孙飞飞，李国强. 无屈曲波纹钢板墙抗震性能与设计理论［J］. 建筑结构学报，2020，41（05）：56-67.

［22］ Berman J. W.，Bruneau M. Experimental Investigation of Light-Gauge Steel Plate Shear Walls［J］. Journal of Structural Engineering，2005，131（2）：259-267.

［23］ Tong J. Z.，Guo Y. L. Elastic buckling behavior of steel trapezoidal corrugated shear walls with vertical stiffeners［J］. Thin-Walled Structures，2015，95：31-39.

[24] Dou C., Jiang Z. Q., Pi Y. L., et al. Elastic shear buckling of sinusoidally corrugated steel plate shear wall [J]. Engineering Structures, 2016, 121: 136-146.

[25] 赵秋红, 李楠, 孙军浩. 波纹钢板剪力墙结构的抗侧性能分析 [J]. 天津大学学报: 自然科学与工程技术版, 2016, 49 (S1): 152-160.

[26] Nobutaka Shimizu, Ryoichi Kanno, Kikuo Ikarashi, et al. Cyclic Behavior of Corrugated Steel Shear Diaphragms with End Failure [J]. Journal of Structural Engineering, 2013, 139 (5): 796-806.

[27] 杨心怡. 无屈曲波纹钢板墙边缘柱性能研究 [D]. 上海: 同济大学, 2020.

[28] 高性能建筑钢结构应用技术规程 T/CECS 599—2019 [S]. 北京: 中国计划出版, 2019.

[29] 姜文伟, 金华建, 孙飞飞等. 无屈曲波纹钢板剪力墙简化分析模型研究 [J]. 建筑钢结构进展, 2019, 21 (01): 66-76.

[30] 建筑抗震设计规程 DGJ 08-9-2013 [S]. 上海: 上海市城乡建设和交通委员会, 2013.

[31] 钢结构焊接规范 GB 50661—2011 [S]. 北京: 中国建筑工业出版社, 2012.

[32] 焊缝无损检测 超声波检测 技术、检测等级和评定 GB/T 11345—2013 [S]. 北京: 中国标准出版社, 2014.